PROBLEMES
MATHEMATIQUES
TIREZ DE LA GEOMETRIE

Fort utiles à un Homme de
Guerre, ou à ceux qui veulent
apprendre

L'ARCHITECTURE
MILITAIRE

par

JEAN FRIDERIC PFEFFINGER.

❊❊❊❊❊❊ ❊❊❊(o)❊❊❊ ❊❊❊❊ ❊❊❊❊

Mathematische Aufgaben/
So aus dem

Feldmessen

genommen
und
nem Kriegsmann/oder der sich in dem
Festungs-Bau üben wil/ sehr nützlich

à LEIPZIG
Chez REINHARD WÆCHTLER

M DC XXCIIX.

triangel als A B C. B D E. D F G. F H I.
und H K L.

(2) Aus A C. ziehe zwey Bogen die ſich
im M. ſchneiden. und ziehe hernach M.
zum L.

(3) Auff einen jeden triangel ſetze einen
andern/ als auff die baſin M C. ſetze
den triangel M C N. auff C E. ſetze C E O.
auff E G. ſetze E G P. auff G I. ſetze
G I Q. auff I L. ſetze I L R.

(4) Unten ziehe in gleichem unter eine jede
baſin einen gleichſeitigen triangel, als
unter A B. ziehe A B S. unter B D. ziehe
B D T. unter D F. ziehe D F V. unter F H.
ziehe F H W. unter H K. ziehe H K X.
und alſo wird dein Icoſaëdrum 20. gleiche triangel haben.

42.

Ein Trapezium zu machen.

(1) Mache eine Linie A C. nach Belieben
und laſſe auff C. ein perpendicular fallen C D. welche alsdann theile in fünff
gleiche Theil/ nemlich C E. E F. F G.
G H. und H D.

(D)   (2) Ziehe

C D. la quelle divifez en 5. parties egales'
comme C E. E F. F G. G H. & H D.

(2) Prenez la diftance A C. & tirez avec un
arc de D.

(3) Prenez auffi la diftance C D. & recoupez
cet arc en B. & joignez ainfi A B. & B D.
enfemble.

(4) Les mêmes cinq parties de la ligne C D.
portez auffi fur la ligne A B. comme A I.
I K. K L. L M. & M B.

(5) Cela eftant fait, joignez ces deux lignes
enfemble moyennant des rectelignes,
comme, tirez une ligne de I. en E. de K.
en F. de M. en H. car les lignes A C. &
B D. font de ja faites & la ligne L G. ne
doit pas être tirée.

(6) Tirez des points F G. & G H. deux
triangles equilaterals avec leur bafe, dont
l' un fe termine en O. & l' autre en N.
& joignez ainfi F N. N O. & O H. enfemble.

(7) de l' autre côté oppofé vous faites la
même chofe à fçavoir de L K. vous faitez le triangle L K P. & de L M. vous
faitez le triangle L M Q. & vous joignez
aprez

(2) Ziehe mit der Länge A C. aus D. einen
Bogen.

(3) Mit der Weite C D. durchschneide
solchen Bogen im B aus A. und ziehe
hernach A B. und B D. zusammen.

(4) Eben die fünff Theil welche auf der
Linie C D. stehen / trage auch aus A B.
als A I. I K. K L. L M. und M B.

(5) Ziehe solche Theile zusammen mit
Querlinien als I E. K F. M H. deñ A C.
und B D. seynd schon beysammen / und
L G. dörffen nicht zusammen gezogen
werden.

(6) Auff F G. und G H. ziehe zwey glei ch-
seitige triangel mit der Länge welche ihre basin hat / deren der eine sich schneidet
in O. der andere aber im N. und zieh e
alsdenn F N. N O. und O H. zusammen.

(7) Auff der gegen-überstehenden Seiten
macht man eben das / nemlich aus L K.
macht man den gleichseitigen triangel
L K P. aus L M. macht man L M Q. hernach aber zieht man K P. P Q. und Q M.
zusammen umb das trapezium fertig zu
machen.

(D) 2   43. Eine

aprez K P. P Q. & Q. M. enfemble &
ainfi vôtre Trapeze fera fait.

43.
Pour faire une Pyramide
quinquangulaire.

(1) Du point A. faitez un arc & mettez
deffus 5. parties egales, & tirez les toutes dans le point A.& joignez aufsi leurs
bafes enfemble par des recteligness tirées
par exemple de G à H. H à B. B à C. C à I.
& I à K.

(2) Divifez une de ces 5. parties, en d' autres fix parties egales *par exemple* la bafe
B C.

(3) Prenez en 5. de ces fix parties & faitez
avec dés B C. deux arcs qui fe coupent
en L.

(4) Ayant trouvé le centre L. achevez la
circonference & portez la diftance B C.
encore 4. fois fur elle, & vôtre circonference fera divifée en 5. parties egales,
des quelles vous n' avez qu' à joindre
l' une à l' autre, comme B à F. F à E.
E à D. & D à C.

44. Pour

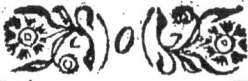

A
SON EXCELLENCE
MONSEIGNEUR
HERMAN
DE
WOLFRAMBS-
DORF

Seigneur de Mugueln, Sal-
hufen, Limpac &c.
Grand Marefchal & Con-
feiller du Confeil priué de S. A. E.
De SAXE & Intendant du Cercle
de Leipzig.

MONSEIGNEUR

IL *y a long temps*
qu'on m'a prié de faire

im-

imprimer des Proble-
mes Geometriques, en
faveur des Gens de
Guerre & pour le con-
tentement de ceux,
qui veulent s' appli-
quer à la Fortifica-
tion, mais l' apprehen-
sion que j' ay tous jours
eüe, de m' expofer à la
critique de certains
Esprits, m' en a empe-
fché jusques à mainte-
nant, mais j' ay creu
Mon-

43.
Eine fünffeckigte Pyramide
zu machen.

(1) Aus A. mache einen Bogen und ſetze auff ſolchen Bogen 5. gleiche Theil/ welche alle müſſen ins A. gezogen werden: Ihre baſes ziehe auch durch rechte Linien zuſammen als G zum H. H zum B. B zum C. C zum I. und I zum K.

(2) Theile einen von den 5. Theilen in ſechs andere gleiche Theile / als zum Exempel die baſin B C.

(3) Von den 6. kleinen Theilen nimm nur 5. und mache auß B und C. zwey Bogen die ſich ſchneiden im L.

(4) Aus dem Centro L. ziehe einen Umbkreiß und theile ſolchen mit der Weite B C. in 5. gleiche Theil/ welches juſt eintreffen wird. und ziehe alsdann nur ein Theil zum andern als B zum F. F. zum E. E zum D. und D zum C.

44.
Eine ſechſeckichte Pyramide zu
machen.

(1) Auß B. ziehe einen Bogen/ und ſetze

(D) 3　　　　　ſechs

44.
Pour faire une pyramide
sexangulaire.

(1) Tirez du point B. un arc, & mettez dessus six parties egales, comme KL. LM. MN. NO. OI. & I. D. & tirez les toutes en B.

(2) Joignez leurs bases aussi ensemble comme au precedent, moyennant des rectelignes.

(3) Prenez une sixieme partie entiere, laquelle que vous voudrez, *par exemple* NO. & faites avec deux arcs pour trouver le centre C. du quel la circonference peut être achevée.

(4) la ligne I D. divisera vôtre circonference en six parties egales. comme N H. H G. G F. F E. E O.

45.
Pour faire une pyramide
Septangulaire.

(1) Tirez du point C. un arc, sur le quel mettez sept parties egales (car autant des côtez la pyramide en doit avoir, autant des parties egales il faut mettre sur

l' arc

ſechs gleiche Theil darauf/ als K L.
L M. M N. N O. O I. und I D. und
ziehe ſie alle ins B.

(2) Ihre baſes ziehe auch wieder zuſam-
men/ wie im vorigen Exempel.

(3) Nimm den einen Theil/ zum Exempel N O. und ziehe auß N O. 2. Bogen
die ſich ſchneiden im C. auß welchen
centro mache alsdann deine circumferentz.

(4) Die Linie I D. wird deine circumferentz in ſechs gleiche Theil theilen/ als
N H. H G. G F. F E. und E O.

45.

Eine Siebeneckichte Pyramide zu machen.

(1) Auß C. ziehe einen Bogen/ und ſetze
auff ſolchen Bogen ſieben gleiche Theil
(dann ſo viel Ecken die Pyramide haben
ſoll/ ſo viel Theil muß ich auf den Bogen ſetzen) als D E. E F. F G. G H.
H I. I K und K L. ziehe ſie ingleichen
alle ins C.

(2) Ihre baſes ziehe auch wieder zuſamen/
die eine aber theile in ſechs gleiche
Theil.   (D) 4   (3)

l'arc) comme D E. E F. F G. G H. H I. I K. & K L. & tirez les toutes en C. comme aux precedentes.

(2) Joignez les bafes auffi enfemble & divifez en une, la quelle que vous voudrez en fix parties egales.

(3) prenez une de ces fix petites parties & mettez la encore à côté, ainfi qu'il en forte fept parties. NB. il faut fçavoir qu'en toutes les pyramides qui ont des Polygones pour bafes, il faut tousjours divifer une partie que j'ay mife fur l'arc, en fix egales, & les augmenter & diminuer, felon le nombre du polygone *par exemple*, fi c'eft un pentagone, je n'en prends que cinq parties de ces fix pour faire le centre, du quel je puis conduire la circonference! fi c'eft un hexagone, je les prends tous fix pour trouver le Centre du quel je puis faire la circonference : fi c'eft un heptagone, je les prends auffi tous fix mais j'y âjoute encore une, ainfi que j'aye auffi fept parties pour trouver le centre d'un heptagone, fi c'eft un Octogone, j'âjoute

aux

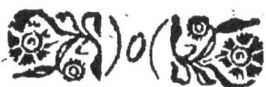

MONSEIGNEUR *que s'ils voyoient* VOSTRE ILLUSTRE NOM *à la Teste de mon Ouurage & quils fussent en suite persuadés que Vous luy eussiez donné vôtre aprobation, ils auroient du respect pour les sentimens d'une Personne si illustre & dont les jugemens sont generallement approuveés de tout le*

)o(3 monde

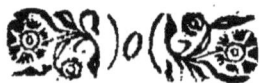

monde, & par ce moyen mon petit Ouvrage seroit à couuert de leur censure ; Vous direz sans doute MONSEIG-NEUR, que mon seul Interest m'a obligé à recherber la Protection de V. E. mais je Vous puis asseurer MONSEIG-NEUR que la haute Estime que j'ay conceüe de Vos merites, & la reconnoissance que je dois

(3) Nimm einen von den ſechs kleinen Theilen und ſetze ihn auſſenwerts/ alſo daß ſieben kleine Theil herauß kommen. NB. Zu wiſſen iſt daß in allen Pyramiden welche Polygonen zur baſi haben/ ein Theil von denjenigen/ die ich auf den Bogen geſetzt habe/ in ſechs gleiche Theil muß getheilet werden/ von welchen ich bald nehmen/ bald wieder hinzu ſetzen muß / nach der Zahl der Polygonen, zum Exempel wann es ein Fünffeck iſt/ ſo nehme ich auch nur fünff Theil von den ſechſen umb das Centrum zu finden / worauß man die circumferentz machen kan; Iſt es eine ſechseckigte Pyramide, ſo nehme ich alle ſechs Theil und ſuche vermittelſt zweyen Bogen das Centrum umb darauß die circumferentz zu ziehen: Iſt es ein ſiebeneckigte / nehme ich noch einen Theil von den ſechſen und ſetze ihn auſſerhalb an die ſechſe/ alſo das ich ſieben kleine Theil habe / mit welches Länge ich alsdann zu End der ſechſen 2. Bogen mache umb das Centrum

aux six encore deux,, a fin que j'aye aussi
huit parties moyennant des quelles je
puis tirer des extremitez des six pre-
mieres, deux arcs pour trouver le Centre
d'un Octogone & ainsi en infiny.

(4) Prenez ces sept parties & tirez avec des
deux points que vous voudrez, *par
exemple* KL. deux arcs qui se coupent en
M. du quel Centre achevez la circonference, & divisez la aussi avec la distance
K L. en sept parties egales.

46.
Pour faire le Rhombe.

(1) Faitez sur une ligne G H, quatre triangles equilaterals comme G I M. I K N.
K. L O. L H P. & joignez M P. ensemble
par une recteligne.

(2) Joignez G M. I N. K N O. L O. &
H P. ensemble.

(3) Des I K. tirez encore un triangle equi-

(4) Lateral I K R. & joignez les ensemble.
Des R K. faitez les triangle equilateral
V. & des V R faitez un autre T. & joi-
gnez K à V. & T. à R.

5. Des

trum zu finden / worauß ich meine circumferentz ziehen kan: Ist es ein acht-
eck / so setze ich noch zwey Theil hinter
die sechs kleinen: und suche damit das
Centrum die circumferentz zu ziehen/
und also immerfort.

(4) Nimm diese sieben kleine Theil/ und
ziehe aus K L oder aus zwey andern
puncten zwey Bogen die sich schneiden
im M. welches alsdann das Centrum
seyn wird/ die rechte circumferentz darauß zu ziehen / welche die Weite K L.
in 7. gleiche Theil theilen wird.

46.
Einen Rhombum zu machen.

(1) Auf der Linie G H. mache 4. gleichseitige triangel als G I M. I K N. K L O.
und L H P. und ziehe alsdann M P.
durch eine rechte Linie zusammen.

(2) Ziehe ferner G M. I N. K N O.
L O. und H P. zusammen.

(3) Auß K I. mache einen gleichseitigen
triangel I K R. und ziehe solchen
zusammen.

(4) Auß R K. mache den gleichseitigen
triangel

5) Des R I. faitez deux arcs egaux qui se coupent en Q. & joignez I. Q. ensemble.

(6) Des Q R. faitez encore deux arcs qui se coupent en S. & joignez aprez Q S. & S R. ensemble & vôtre Rhombe sera fait.

47.

Pour faire un Rhomboide

(1) Faitez un triangle equilateral A B C. & tirez des BC. deux Arcs qui se coupent en D. & joignez aprez A C. C D. & B D. ensemble.

(2) Prolongez la ligne C D. pour mettre sur le prolonguement encore deux fois la distance C D. comme D E. & E F.

(3) Mettez la Regle à B D. & prolongez aussi la ligne B D. la distance de laquelle mettez y dessus comme B. G.

(4) Prolongez aussi la ligne B C. & mettez sur le prolonguement encore trois fois la même distance B C. comme B H. H I.. I K.

(5) Pro-

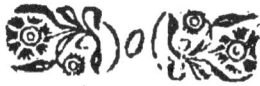

dois à Monfieur Vôtre fils aisnè, aprez avoir eu l'honneur de luy enfeigner cette fcience m'a tout à fait determiné à Vous dedier ces problemes; s'ils ont le bonheur d'occuper quelques momens de Vôtre loifir & de meriter Vôtre aprobation, ce fera un nouveau fujet d'obligations que j'auray à Voftre

Illu-

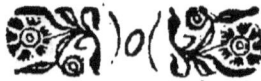

Illustre Maison, de la quelle je suis avec un tres profond respect aussy bien que de V.E. particulierement.

MONSEIGNEUR

à Leipzig
le 16, Mars. 1688.

Le tres humble & tres
obeissant Serviteur

Jean Frideric Pfeffinger
de Straßbourg.

Avertissement au Lecteur.

MOn cher amy, La faveur que vous me pourrez consacrer en lisant mon petit traité de la Geometrie, est, de ne point croire, que j'eus l'intention, de faire imprimer une parfaite Geometrie, mais seulement un petit abbregé, de ce que les autres ont amassé dans des grands livres, Les travaux des quels, comme ils sont un peu malaisés à entendre, à cause de leur prolixité je les ay reduit dans ce couple des feuilles, affin que chacun, les puisse mieux comprendre & les lire avec plus de profit : Outre cela il me plût de le faire en françois & en allemand parceque la plus part des autheurs, n'a écrit qu'en Latin, afin que ceux, qui n'entendent pas cette belle langue, neantmoins ayent un chemin pour parvenir au but. adieu

J. F. Pfeffinger.

(A) L'Ori-

L'Origine de la Geometrie,

CEtte science a prise, son origine, comme la plus part s'imagine, des Egyptiens, qui estoient les premiers qui s'en servirent en mesurant leurs champs, car le fleuve de Nil couloit par dessus ses bords toutes les années, d'une maniere si furieuse qu'il ne fit qu'un seul ravage d'eaux à l'antour & effaça toutes les bornes des Champs, ainsi qu' aucun n' a reconnu ce qui étoit à luy auparavant, quand l'inondation se perdoit : Ensuite elle est venuë aux Grecs par Thales de Malte & a commencée de voir le jour, mieux expliquée de temps en temps par Pythagore, Anaxagore, Hyppocrate, Plato, Archite, Euclide, Hypsicles, Archimede, Theodosius de Tripoly, Mileus de Rome, Theon de Smirne & par des autres, jusqu' ellé a touchée aussi nôtre temps, C'est pour quoy Christophle Clave un Jesuite en a eu soin de l' expliquer d' avantage, ainsi que nous la voyons aujour d' huy dans une perfection absoluë.

Defi-

Der Ursprung der Geometrie.

Iese Kunst entspringt / wie die meisten davor halten / von den Egyptern / welche die ersten sollen gewesen seyn / so sich solcher bedient/ und zwar aus Ursach deß Nili welcher alle Jahr so hefftig sich ergossen / daß er alle umbliegende Felder unter Wasser gesetzt/ und die limites , womit die Aecker gezeichnet waren/ ausgelöscht / also / daß nach der inondation keiner gewust wo sie zuvor gewesen : Von diesem solle sie kommen seyn auff die Griechen / durch Thaletem Milesium, und angefangen stets mehr und mehr explicirt zu werden vom Pythagora, Anaxagora, Hyppocrate, Platone, Archimede, Theodosio, Mileo de Roma, Theone Smirnensi, und von andern mehr/biß sie endlich unsere Zeiten erreicht / in welcher sich solche allermeist hat angelegen seyn lassen ein Jesuit Nahmens Christophorus Clavius, welcher sie auch weit ausgearbeitet/also daß sie heutigs Tags in einer rechten perfection steht.

(A) 2

Defi-

Definitions des Termes de la Geometrie.

§. 1.

LA Geometrie est une science Mathematique qui enseigne la Grandeur, selon qu'elle est grande.

§. 2.

La Grandeur est une quantité continuë : ses parties sont (1) La Ligne. (2) La superficie. (3) Le Corps.

§. 3.

La Ligne est une grandeur seulement longue, & comprise entre ses extremités, qu'on appelle Points.

§. 4.

Le Point est ce qui n'a aucune partie.

§. 5.

La superficie est une grandeur, qui n'est pas seulement longue, comme la ligne, mais aussy large.

§. 6.

Le Corps est une Grandeur longue, large & profonde.

§. 7.

Definitiones der Terminorum welche in der Geometrie vorkommen.

§. 1.

Die Geometrie ist eine Mathematische Wissenschafft / welche von der Grösse handelt.

§. 2.

Durch die Grösse wird verstanden ein an einander hangendes Ding / dessen Theil seynd 1. die Linie (2.) eine Fläche. (3) ein corpus.

§. 3.

Die Linie ist eine Grösse/ welche nur in der Länge besteht / dessen zwey eusersten Theil werden puncta genennet.

§. 4.

Der punct ist das was kein Theil hat.

§. 5.

Die Ebene ist eine Grösse / welche nicht nur lang/wie die Linie/sondern auch breit ist.

§. 6.

Das Corpus ist eine Grösse / die da lang/ breit und auch tieff ist.

(A) 3   Cap. 2

CHAP. II.
Divisions des Lignes & leurs
signification.

§. 1.

LA Ligne est ou Recteligne ou Courbeligne : Elle est une ligne droite, egalement comprise & étenduë entre ses deux points : A B. La Courbeligne est celle, qui n'est pas egalement comprise entre ses points, donc elle fait une bosse. C D.

§. 2.

La ligne est ou parallele ou Angle : Les lignes paralleles sont, dont l'une est egalement distante de l'autre en tout lieu, E F. G H.

§. 3.

L'Angle est un Concours de deux lignes, en un même point. I. K. L.

§. 4.

L'Angle est on Droit ou Oblique : Le Droit est, quand on met une perpendiculaire sur une ligne droite O P. P Q. L'angle oblique est quand on met une ligne que vous voudrez sur un autre, pourveu

CAP. II.

Von der Theilung der Linien und was sie bedeuten.

§. 1.

Die Linie ist entweder eine grade oder krumme Linie: Eine grade Linie ist/ welche grad von einem punct zum andern geht/ als: A B. Eine krumme aber ist/ die Bogen weiß von einem punct zum andern gehet/ als C D.

§. 2.

Die Linie ist darnach auch entweder parallel oder macht einen Winckel/ ist sie parallel, so seynd an einem Ort zwo Linien so weit von einander als am andern. als E F. G H.

§. 3.

Machen sie aber einen Winckel so lauffen sie in einem puncto zusammen/ als I K L.

§. 4.

Der Winckel ist entweder grad oder schlimm/ wenn er grad ist/ so stehen zwey rechte Linien auff einander perpendiculariter. O P. P Q. Ist er aber schlimm/ so stehen nur 2. andere Linien aufein-

(A) 4 ander

veu qu' elle ne fasse pas une perpendiculaire R S T.

§. 5.

L' Angle Oblique est ou Acutangle ou
Obtusangle. L' Acutangle est celuy, qui
est plus petit qu' un Angle droit. V X Z.
L' obtusangle est celuy, qui est plus grand
que le droit. A B C.

§. 6.

Le même Angle oblique est aussy ou
Recteligne ou Courbeligne, ou mixte. Le
premier est celuy qui est composé de
deux lignes droites D E F. Le second est
celuy, qui est composé de deux courbes
lignes G H I.   Le Mixte est, qui est composé d' une recteligne & d' une Cour-
be K L M.

§. 7.

La Figure est une Grandeur terminée
par des Lignes & des superficies; La premiere est appellée Triangle: La seconde Pyramide.

CHAP.

ander / welche nicht perpendicular ſeyn /
als R S T.

§. 5.

Dieſer krumme oder ſchlimme Win-
ckel iſt entweder ſcharff oder ſtumpf / iſt er
ſcharff ſo iſt er kleiner als ein rechter V X Z.
iſt er ſtumpf / ſo iſt er gröſſer als ein rechter
Winckel A B C.

§. 6.

Ferner iſt dieſer krumme Winckel /
entweder von 2. graden Linien zuſammen geſetzt als D E F. oder von 2. gebogenen Linien als G H I. oder von einer
graden und von einer gebogenen / als
K L M.

§. 7.

Die figura iſt eine Gröſſe welche
theils terminirt wird aus Linien / theils
aber aus der Fläche : Wann ſie aus Linien beſteht / ſo wird ſie ein triangulum ge-
nennt / beſteht ſie aber aus einer Fläche /
wird ſie pyramide genant.

(A) 5   CAP.

CHAP. III.
De la Definition & Division du Triangle.

§. 1.

LE Triangle est une superficie composée de trois lignes. Selon ses côtez il est ou Equilateral, ou Isoscele, ou scalene. Selon ses Angles, il est ou Rectangle, ou Acutangle, ou Obtusangle.

§. 2.

Le triangle Equilateral, est celuy qui a trois côtez egaux D E F.

§. 3.

Le triangle Isoscele est celuy qui n'a que deux côtez egaux, qu'on appelle Jambes, donc le troisieme est appellé Base: G. H. I.

§. 4.

Le Scalene est celuy qui a trois côtez inegaux, L M K.

§. 5.

Le Triangle Rectangle est celuy qui a un angle droit, N. de ses lignes, l'une est

appellé

CAP. III.

Von der Definition des Trianguli und wie er getheilet wird.

§. 1.

Er triangul ist eine Fläche welche von 3. Linien zusammen gehalten wird. Nach seinen Seiten ist er aut æquilaterum aut Isosceles aut Scalenum. In consideration aber seiner Winckel ist entweder das triangulum Rectangulum, oder Acutangulum oder obtusangulum.

§. 2.

Das triangulum æquilaterum ist/ welches 3. gleiche Seiten hat. D E F.

§. 3.

Isosceles oder triangulum æquicrurum ist welches nur 2. gleiche Seiten hat/ und die dritte wird Basis genandt. G H I.

§. 4.

Das Scalenum ist/welches von ungleichen Linien besteht/ sie mögen seyn wie sie wollen. K L M.

§. 5.

Das triangulum Rectangulum ist/ welches

(A) 6 ches

appellée Baſe. O N. La perpendiculaire N. P. Cathetus : & la panchante O P. Hypothenuſe.

§. 6.

L' Acutangle eſt celuy qui a trois angles aigus, ou qui a trois angles, dont aucun fait un angle droit. Q. R. S.

§. 7.

L' Obtuſangle eſt, qui a un Angle obtus, ou, qui a un angle qui eſt plus grand que le droit, T V X.

CHAP. IV.
De la Definition & Diviſion du Quarré.

§. 1.

LE Quarré eſt une figure ayant quatre côtez & quatre angles. Il eſt ou Quarré equilateral ou Quarré long.

§. 2.

Le Quarré equilateral eſt, qui a quatre
côtez

ches im puncto N. einen rechten Winckel macht / deſſen eine Seite wird Baſis genennet O N. Die perpendicular Cathetus N P. Die abtachende Hypothenuſa O P.

§. 6.

Das ſcharffe triangulum iſt / welches 3. ſcharffe Winckel hat / deren keiner einen rechten macht Q R S.

§. 7.

Das ſtumpffe triangulum iſt : welches einen Winckel macht/ der da gröſſer als ein rechter Winckel. e. g. im T V X.

Cap. IV.

Von der Definition und Diviſion einer viereckichten Figur.

§. 1.

Das Viereck iſt eine Figur / die da vier Seiten und 4. Winckel hat wird getheilt in ein geviertes Viereck/ und in ein langes Viereck.

§. 2.

Das gevierte Viereck iſt/ welches vier

(A) 7　　　　gleiche

côtez & quatre angles egaux. A B C D.
probl. 13.

§. 3.

Le Quarré long est, qui a quatre angles
egaux & les deux côtez opposés egaux.
E F G H, *probl.* 14.

Du Cercle.

Le Cercle est une Circonference tirée
de son Centre, qui est au milieu, par lequel il va une recteligne, qu'on appelle
Diametre I K.

Chap. V.

Des Corps.

§. 1.

L A Pyramide tetraëdre est un Corps composé des plusieurs plans se rencontrans,
en un même point, & qui a un triangle
pour base. L M N O.

§. 2.

Le Cube est un Corps, qui a six Quarrés egaux, & huict angles egaux P Q R
S T V X.

§. 3

gleiche Seiten und 4. gleiche Winckel hat. A B C D. ſiehe *probl.* 13.

§. 3.

Das lange Viereck iſt/ welches zwar 4. gleiche Winckel hat/ aber nur 2. gleiche Seiten/ die gegeneinander ſtehen. E F G H. ſiehe *probl.* 14.

Vom Circul.

Der Circul iſt ein Umbkreiß/ aus ſeinem Centro gezogen/ durch welches eine grade Linie von einem Ende zum andern gehet/ die da wird diameter genant I. K.

CAP. V.

Von den Cörpern.

§. 1.

Je dreyeckigte Pyramide iſt ein corpus von mancherley Fläche zuſamen gemacht/ welche alle in einem punct zuſammen kommen/ und haben ein triangulum zur baſi L M N O.

§. 2.

Der Cubus iſt ein corpus welches beſtehet in 6. rechten Vierecken und 8. rechten Winckeln P Q R S T V X.

§. 4

§. 3.

Le Prifme Pentaëdre eft un Corps, qui a cinq côtez, dont deux font egaux & parallels. A B C D E F.

CHAP. VI.
Des Problemes.

PUis qu' il ne fuffit pas de fçavoir les definitions des Chofes, & ignorer leursConftructions, j' ay voulu mettre icy les plus utiles problemes, & montrer, comme il faut faire les Corps & d' autres Problemes commençant par les plus aifés.

1.

Tirer une ligne parallele à la
donnée G H.

(1) Marquez fur vótre ligne donnée deux Points C D. où vous voudrez, & tirez d' iceux deux arcs E. F.

(2) La ligne tirée par E & F. fera parallele à la donnée.

2. Faire

§. 4.

Das Prisma Pentaedrum ist ein Corpus. welches zwar 5. Seiten hat/ derer zwo aber nur gleich und parallel seynd. A B C D E F.

CAP. VI.

Von den Problematibus.

Weweil es nicht genug ist die Definition der Sachen zu wissen/ die Art aber solche fertig zu machen/ nicht verstehen/ hab ich die nötigsten problemata wollen hieher setzen/ und weisen wie man sie machen kan. Zuerst aber sollen die leichtesten kommen hernach schwerere.

I.

Einer gegebenen Linie mit G H. gezeichnet eine parallel ziehen.

(1) Nimm wo du wilt auff der Linie GH. 2. puncta, als C D, und ziehe aus denselben 2. Bogen als E F.

(2) Ziehe durch E F eine grade Linie/ welche der gegebenen wird parallel seyn.

Der

2.

Faire une parallele à la ligne
donnée H I. du point donné G.

(1) Tirez du point G. un arc qui touche seulement la ligne donnée, en K.

(2) Avec la distance G K, faitez un autre arc sur la même ligne, ou vous voudrez. M N.

(3) La ligne tirée par G & N, sera paralele à la donnée H I.

3.

Elever une perpendiculaire du
point donnée N. sur la ligne O P.

(1) Du point N, mettez une même distance, à droite & à gauche Q.R.

(2) Avec la distance entiere Q R. faitez deux arcs qui se coupent en S.

(3) La ligne tirée du S. en N. sera la perpendiculaire demandée.

4. Elever

2.

Der gegebenen Linie H I eine parallel zu ziehen / aus dem gegebenen punct G.

(1) Ziehe aus dem punct G. einen Bogen / der nur im punct K. die gegebene Linie anrühret.

(2) Nim die diſtance G K. und ziehe an einem andern Ort der Linie / wo du wilt / einen andern Bogen M N.

(3) Ziehe eine Linie durch G & N. welche wird der gegebenen H I parallel ſeyn.

3.

Auff der Linie O P. aus dem darauf ſtehenden punct N. ein perpendicular aufzurichten.

(1) Zu beyden Seiten deß puncti N, ſetze eine gleichlinge Weite Q R.

(2) Mit der diſtantz Q R. ziehe aus Q. und R. 2. Bogen die ſich durchſchneiden / im S.

(3) Ziehe eine Linie vom S ins N, welche wird die verlangte perpendicular ſeyn.

4. Vom

4.

Elever une perpendiculaire, fur
la fin de la ligne donnée
T. V.

(1) Hors de la ligne donnée mettez le compas en quelque endroit, ou vous voudrez, par exemple en Y. & tirez de ce centre un arc qui coupe, la donnée en Z, & auffi le point V.

(2) Tirez une ligne du Z. par le Centre Y. qui coupe l'arc de l'autre côté en W.

(3) La ligne tirée du W, jufqu' en V. fera la perpendiculaire.

5.

Du point donné C. faire tomber une perpendiculaire fur la
ligne donnée A B.

(1) Du point C. tirez un arc qui coupe la ligne donnée en deux endroits, *par exemple* en D E.

(2) Des

Vom Ende der gegebenen Linie T V. eine perpendicular auffzurichten.

4.

(1) Aufferhalb der Linie T V. suche ich mir nach Belieben ein Centrum, Y. und ziehe aus diesem Centro eine circumferentz/ welche daß End der Linie V. durchschneidet/ und dann auch auf der lincken Hand die Linie selbst/ als im Z.

(2) Ziehe vom Z. eine grade Linie durchs Centrum. die die circumferentz auff der andern Seiten schneidet/ im W.

(3) die gezogene Linie vom W. ins V. wird die perpendicular seyn.

5.

Wie man aus einem gegebenen punct C. solle ein perpendicular lassen fallen auff eine gegebene Linie A B.

(1) Ziehe aus dem punct C. einen Bogen welcher die Linie A B. an zwey Orten durchschneidet als im D E.

(2) Un-

(2) Des points D & E. faites fous la ligne donnée deux arcs qui fe coupent en F.

(3) la ligne tirée du point C, en F, fera la perpendiculaire demandée.

6.

Couper la ligne A B en deux
parties egales.

(1) Tirez du point A. deux arcs, l'un au deffus la donnée, l'autre au deffous elle : & recoupez les, du point B. en C.D.

(2) La ligne tirée du C. jufqu'à D, coupera vôtre ligne donnée en deux parties egales.

7.
Divifer une ligne donnée D.E. en autant des parties qu'on
veut.

(1) Tirez une grande ligne A C. & mettez fur icelle autant des parties, que vous voulez, que la donnée en ait. *par exemples* dix.

2. Les

(2) Unter der Linie A B. ziehe aus D und E. mit ihrer Weite/ 2. Bogen, die sich schneiden im F.

(3) Ziehe aus C ins F. eine Linie/ welche perpendicular seyn wird.

6.

Die Linie A B. in zwey gleiche Theil zu theilen.

(1) Aus dem punct A. ziehe 2. Bogen den einen über die Linie A B. den andern aber darunter: und durchschneide sie aus dem puncto B, in C und D.

(2) Ziehe eine Linie vom C. ins D. welche die gegebene A B. in 2. gleiche Theil wird theilen.

7.

Eine gegebene Linie D E. in so viel Theil zu theilen als man wil.

(1) Ziehe nach Belieben eine grosse Linie A C. und setze auff solche so viel Theil/ in wie viel du deine gegebene

theilen

(2) Les ayant mifes ainfi, faitez un triangle equilateral, en B. & tirez les toutes
dans le point B.

(3) Prennez vôtre ligne donnée entre les
deux pointes du Compas & tirez du B,
un arc, qui touche les deux jambes du
triangle en F G : & la ligne tirée de F en
G. fera la vôtre divifée.

8.

Faire un angle egal au donné
K L M.

(1) Ayant fait une recteligne A B. prenez
une diftance du K, de l' angle donné, &
tirèz avec un arc qui touche vôtre
angle donné à deux côtez, O N.

(2) Tirez avec la diftance K O, un arc Q R.
egal, du point A. & mettez deffus la
diftance O N.

(3) La ligne tirée par A & par Q. fera un
angle egal au donné.

9. Divifer

theilen ſolſt / als zum Exempel du ſol-
teſt ſie in 10. Theil theilen.

(2) Wann du ſie nun alle zehen darauff
geſetzt/mache ein triangulum B. und ziehe
ſie alle zehen in den punct B.

(3) Nimm den Circul und trage deine
gegebene Linie D E. aus dem punct B.
auff beyden Seiten deines triangels/
und wo der Circul den triangel an-
rührt/ als in F G. ziehe eine überzwerche Linie von einem Theil zum an-
dern/ welche die Länge haben wird/der
gegebenen D E. und auch zugleich in
zehen Theil getheilt werden.

8.

Dem Angulo K L M. einen gleich-förmigen machen.

(1) Mache eine rechte grade Linie A B.
und nimm die Weite aus dem punct
K. wie groß du wilt/umb damit einen
Bogen zu ziehen/ der den Winckel zu
beyden Seiten anrührt/ wie zu ſehen
bey O und N.

(2) Nim die Weite K O. und ziehe aus

(B) dem

9.

Divifer l'angle A B C,
en deux parties
egales.

(1) Tirez de A un arc, qui coupe l'angle
à deux côtez, en D E.

(2) Tirez, des points D & E, deux arcs
qui fe coupent en F.

(3) La ligne tirée de F en A, divifera vôtre Angle en deux parties egales.

10.

Sur la ligne donnée A B,
dêcrire un triangle
Equilateral.

Tirez des A & B. de la même diftance
deux arcs, qui fe coupent en C & tirez
A à C, & B. à C. & vòtre triangle fera
fait.

11. Pour

dem punct A. einen gleichen Bogen damit R Q. und setze alsdann auff solchen Bogen die überzwerche Länge deß
Bogens O N.

(3) Ziehe eine Linie aus A. durchs Q. welche dir den Winckel K L M. in gleicher
Grösse wird vor Augen stellen.

9.
Den Winckel A B C. in zwey glei-
che Theil zu theilen.

(1) Ziehe aus A. einen Bogen der den
Winckel zu beyden Seiten anrührt/
als in D. und E.

(2) Ziehe aus D. und E. zwey Bogen die
einander durchschneiden im F.

(3) Die gezogene Linie vom F. zum A.
wird den gegebenen Winckel A B C. in
zwey gleiche Theil theilen.

10.
Auff der Linie A B. ein triangel
zu machen welches drey gleiche
Seiten hat.

Ziehe aus A und B. mit ebener Weite
zwey Bogen die sich in C. durchschnei-

(B) 2   den/

II.

Pour faire un triangle egal au Triangle donné
L M N.

(1) Sur une ligne tirée à vôtre phantafie, mettez la bafe L M. marquée O R.

(2) Prenez la diftance M N. & tirez avec un arc du point R.

(3) Prenez la diftance L N. & recoupez cet arc du point O. en S.

(4) Joignez O en S. & S. en R. & vous aurez un triangle egal au donné.

12.

Divifer le triangle A B C.
en plufieurs parties
egales.

(1) Divifez la bafe A C. en deux parties egales A D & C D.

(2) Mettez fur la même bafe A C. autant des parties que vous voulez divifer vôtre

tre

den/ und ziehe alsdenn A. zum C. und
B auch zum C. alsdann wird das tri-
an gulum fertig seyn.

11.

Dem triangulo L M N. einen
gleichförmigen zu
machen.

(1) Ziehe eine Linie nach Belieben/ und
setze den Fuß L M. darauf/ als O R.

(2) Nimm die Weite M N. und ziehe aus
dem punct R. einen Bogen damit.

(3) Nimm auch die Weite L N. und
schneide solchen Bogen durch aus dem
punct O im S.

(4) Ziehe O zum S. und S. zum R. und also
wird ein gleichförmiger triangel heraus
kommen.

12.

Das triangulum A BC. in viel
gleiche Theil zu theilen.

(1) Theile die Basin A C. in zwey gleiche
Theil. A D. C D.

(2) Setze auff die basin A C. so viel Theil
(B) 3   als

tre triangle : *par exemple* trois A E. E F. F C.

(3) Erigez des points E & F. deux perpendiculaires, qui touchent le triangle en G & H.

(4) Tirez des G & H des rectelignes en D. qui est le Centre de la base A C. & vôtre triangle aura ainsi ses trois parties demandées à sçavoir A D G. H B G D. & D C H.

13.
Pour faire un Quarré equilateral sur la ligne
donnée A B.

(1) Prenez sur vôtre ligne A B. une longueur comme vous voudrez *par exemple* A C.

(2) Du point C. erigez une perpendiculaire D de la longueur A C.

(3) Tirez avec la même distance, du point A & du point D. deux Arcs qui se coupent en E.

(4) Tirez D & E ensemble, & de mêmes E & A.

14. Pour

als du den triangel theilen wilt / zum
Exempel drey A E. EF. F C.

(3) Aus den beyden Puncten E und F. ziehe perpendicular-Linien biß sie das
triangulum anrühren / als im G. und H.

(4) Ziehe von G und H. rechte Linien ins
Centrum D. und also wird der triangel
recht getheilet seyn in A D G. H B G D.
und D C H.

13.

Auff der Linie A B. ein gleichseiti-ges Viereck zu machen mit glei-chen Winckeln.

(1) Nimm auff der Linie A B. eine Länge
nach Belieben / zum Exempel A C.

(2) Aus dem punct C. richte eine perpendicular auf D. welche die Länge der Linie
A C. haben muß.

(3) Nimm die Weite A C. und ziehe damit aus A und D zwey Bogen / die sich
schneiden im E.

(4) Ziehe D zum E. und E zum A.

14. Ein

·14.

Pour faire un Parallelo-
gramme.

(1) Sur la ligne A B. erigez fur B. une perpendiculaire C. comme vous vou-drez.

(2) avec la diftance A B. tirez du C. un arc, lequel recoupez de l'A en D. avec la diftance B. C.

(3) Joignez A. & D. C. & D. enfemble.

15.

Pour faire un Quarré egal aux deux quarrés inegaux
A B C D & E F G H.

(1) Mettez les deux quarrés donnés l'un fur l'autre, ainfi que d'un côté ils n'en faffent qu'une ligne, mais il faut, qu'un d'iceux fe tourne à droite, *par exemple* E F B G. & l'autre à gauche, comme A B C D.

(2) Tirez

Ein langes Viereck zu machen von gleichen Winckeln aber nicht gleichen Seiten.

(1) Mache eine Linie A B. und richte ein perpendicular auf aus B. nach Belieben/ als B C.

(2) Ziehe mit der Weite A B. aus dem punct C. einen Bogen/ und durchſchneide ſolchen im D. mit der Weite B C. aus dem punct A.

( ) Ziehe A zum D. und C. auch zum D.

15.

Ein Viereck zu machen welches ſo ſo groß ſoll ſeyn als zwey gegebene ungleiche Viereck A B C D. und E F G H.

(1) Setze die zwey gegebenen Viereck auf einander / alſo daß ſie auff einer Seite nur eine Linie machen/ worzu denn erfordert wird / daß das eine gegen der rechten/ das andere aber gegen der lincken Hand ſtehe. als zum Exempel E F B G ſtehet zur rechten. A B C D. zur Lincken.

(B) 5   (2) Ziehe

(2) Tirez de A jufqu' en E. une recteligne.

(3) Mettez fur E. une perpendiculaire qui ait la longueur A E. comme E. H.

(4) Avec la méme diftance A E. tirez des H & A. deux arcs qui fe coupent en I.

(5) Joignez A & I. I & H. enfemble.

16.

Pour faire un triangle Rectangle egal au cercle
donné.

(1) Divifez le diametre A B. du Cercle donné en fept parties egales.

(2) Erigez du B. une perpendiculaire, qui ait trois fois la longueur du diametre, avec une feptiéme partie, *par exemple* B C.

(3) La ligne tireé du Centre du diametre en C. vous fera un triangle rectangle egal au cercle donné.

17.

Pour faire un Quarré egal au
cercle donné.

(1) Divifez le diametre A B. en 14. parties egales.

(2) Erigez

(2) Ziehe vom A. zum E. eine rechte Linie.

(3) Ziehe vom E. eine perpendicular E H,
welche ſo lang iſt als A E.

(4) Mit eben der Länge A E. ziehe aus H.
und A 2. Bogen die ſich ſchneiden im I.

(5) Ziehe A zum I. und I auch zum H.

16.

Einen triangel mit einem rechten

Winckel zu machen welcher eben ſo groß
als der gegebene Umkreiß ſeyn ſoll.

(1) Theile den Diameter A B. in 7. gleiche
Theil.

(2) Richte aus B. eine perpendicular auff
welche dreymahl länger iſt / und noch
eines ſiebenden Theils/als der Diameter zum Exempel B C.

(3) Ziehe eine Linie vom Centro des diametri ins C. welche dir den recht winck-
lichten triangel wird gleich machen/dei-
nes gegebenen Umbkreiſſes.

17.

Ein rechtes Viereck zu machen / ſo

groß als der gegebene Umbkreiß.

(1) Theile den diameter A B. in 14. gleiche
Theil   (B) 6   (2)

(2) Erigez du B. une perpendiculaire, C. qui ait 11. parties de ces quatorze.

(3) Mettez la même diftance B C. fur le prolonguement A B. marquée B E.

(4) Avec la même diftance B C. tirez des C & E. deux Arcs, qui fe coupent en D.

(5) Joignez A D. & C D. enfemble

18.

Pour faire un quarré egal au parallelogramme
donné.

(1) Divifez la bafe du parallelogramme en quatre parties egales.

(2) Mettez encore une de ces 4. parties, hors du Parallelogramme, ainfi qu' il en forts cinq parties egales.

(3) Divifez ces 5. parties en deux egalement, & tirez

(2) Richte aus B. ein perpendicular auf C. und setze 11. Theil von den ersten 14. darauff.

(3) Setze eben die Weite B C. auf die verlängerte Linie A B. als B E.

(4) Mit eben der Weite B C. ziehe aus E und C. zwey Bogen die sich schneiden in D.

(5) Ziehe A D. und C D. zusammen.

18.

Dem gegebenen Parallelogrammo oder langen Viereck das vier gleiche Winckel hat aber nur zwey gegenüber stehende gleiche Seiten; ein gleich grosses Viereck zu machen/ welches vier gleiche Seiten und vier gleiche Winckel hat.

(1) Theile die basin deß gegebenen Vierecks in vier gleiche Theil.

(2) Setze ausserhalb der basi noch einen gleichen Theil/ also daß 5. Theil heraus kommen.

(3) Theile die fünff Theil miteinander in zwey gleiche/ und ziehe von dem Centro

(B) 7   A. ei

& tirez du Centre A. un arc d'un bout
à l'autre B C.

(4) Erigez à la fin du parallelogramme une
perpendiculaire, qui touche le Cercle
B C. en D. & la ligne B D. fera un côté
du quarré demandé.

(5) Le reste se fait, comme les quarrés se
font à l'ordinaire *voyez. probl. 13.*

19.

Pour faire un Parallelogramme egal au triangle donné
A B C.

(1) Tirez du point B une parallele à la ligne
A C.

(2) Erigez du point C. une perpendiculaire
qui touche la parallele tirée du B en E

(3) Prolongez la perpendiculaire C E. en bas
& mettez dessus la distance D C. marquée F C.

(4) Divisez la ligne E F. en deux parties egales & tirez du milieu G. un Cercle de E
en F.

(5) Prolongez la base A C. & où elle coupe le Cercle comme en H, y sera la seconde

A. einen Bogen von einem Ende zum andern B C.

(4) Zu Ende deß parallelogrammi richte eine perpendicular auf/welche den Bogen anrühret im D. alsdann wird die Weite B D. die eine Seite des Vierecks mit gleichen Seiten geben.

(5) im übrigen macht man den Rest dieses Vierecks wie oben im 13. probl. stehet.

19.

Ein gleich grosses parallelogrammum zu machen / dem gegebenen triangulo A B C.

(1) Ziehe vom Punct B. eine parallel-Linie der basi A C.

(2) Richte aus dem punct C. ein perpendicular auf welche die aus B. gezogene parallel schneidet in E.

(3) Verlängere hinunterwerts deine perpendicular C E. und setze die Weite D C. darauf/ als C F.

(4) Theile die Linie E F. in zwey gleiche Theil/und ziehe aus dem Centro G. ein Bogen vom E. zum F.

(5) Verlängere die basin A C. und wo sie den

conde partie du parallelogramme demandé.

(6) Prenez la diſtance C H. & faitez avec un
arc du point E.

(7) Prenez la diſtance C E. & recoupez
cet arc en I. du point H.

(8) Joignez E I. & H, I. enſemble.

20.

Pour faire un Pentagone, qui ait cinq côtes & cinq angles
egaux ſur la ligne donnée
A B.

(1) Prolongez la baſe A B. & erigez du B.
une perpendiculaire B C. qui ait la diſtance A B.

(2) Diviſez la baſe A B. en deux parties egales, comme A D & D B.

(3) Mettez le compas ſur le Centre D. & tirez du C. un arc juſqu' il touche la baſe
prolongée en E.

(4) Prenez toute la diſtance A E. & faitez
des A & B. deux arcs, qui ſe coupent
en F.

(5) Re-

den Bogen anrührt / als im H. alda
wird das andere Theil seyn / deß ver-
langten parallelogrammi.

(6) Mit der Weite C H ziehe aus dem
punct E. einen Bogen.

(7) Nimm die Weite C. E. und durchschneide den vorigen Bogen aus dem
punct H. in I.

(8) Ziehe E zum I. und H. auch zum I.

20.

Auff einer gegebenen Linie A B. ein Fünffeck auffzurichten von gleichen Seiten und gleichen Winckeln.

(1) Verlängere die basin A B. und richte
vom B. eine perpendicular auf B C. welche die Länge hat A B.

(2) Theile die basin A B. in 2. gleiche Theil /
als A D. und B. D.

(3) Setze den Circul auf das centrum D.
und ziehe aus dem punct C. einen Bogen / welcher die verlängerte basin im E.
anrührt.

(4) Nimm die gantze Länge A E. und
mache damit auß A B. zwey Bogen
die sich schneiden im F.

(5) Nimm

(5) Reprenez la feule bafe A B. & faites avec des F B deux autres arcs, qui fe coupent en H. & pareillement des F A. deux autres qui fe coupent en G.

(6) Joignez A G. GF. FH. & H B. enfemble.

21.

Dêcrire une figure egale à la donnée T V X Y Z.

(1) Divifez la figure donnée du point T. en autant des triangles, que vous en pourrez avoir, *par exemple* T Y Z. TYX. & T. V. X.

(2) Tirez une ligne à plaifir A B. & mettez deffus la bafe T Z. marquée A C.

(3) Prenez la diftance Z Y. & tirez avec du C. un arc.

(4) Prenez la diftance T Y. & recoupez cet arc du point A en D.

(5) Avec la diftance X Y. tirez du D. un arc & recoupez le du point A. avec la diftance X T. en E.

(6) Prenez la diftance V X, & tirez avec un

(5, Nimm die baſin A B. allein / und mache auß F B. noch zwey Bogen die ſich
ſchneiden im H. und alſo auß F und A.
noch zwey gleichmäſſige Bogen die ſich
im G. ſchneiden.

(6) Ziehe A G. G F. F H. und H B. zuſammen.

21.

Eine gleichförmige Figur zu ma-
chen als die gegebene T V X Y Z.

(1) Aus dem punct T. theile die Figur in ſo
viel triangel als du kanſt. **Zum Exempel** T Y Z. T Y X. T V X.

(2) Ziehe eine Linie A B. nach Belieben
und ſetze darauff die Länge T Z. als A C.

(3) Nimm die Länge Z Y. und ziehe damit
auß dem punct C einen Bogen.

(4) Nimm die Länge T. Y. und durchſchneide ſolchen Bogen aus dem punct
A im D.

(5) Mit der Länge X Y. ziehe wieder einen
Bogen aus D. und durchſchneide ihn
aus A im E. mit der Länge X T.

(6) Nimm die Länge V X. und ziehe damit

arc du point E. & recoupez le de A avec
la diſtance T V. en F.

(7) Joignez C D. D E. E F. F A. enſemble,
& vous en aurez une figure egale à la
donnée T V X Y Z.

22.

Trouver le reſte de la partie donnée A B C. d' un
Cercle.

(1) Faitez des points A & B. deux arcs qui ſe
coupent au deſſus la partie donnée en D.
& auſſi ſous elle en E.

(2) Faitez la même choſe du B. & C. ainſi
que les arcs ſe rencontrent en F. & G.

(3) Tirez une recteligne par D E. & par F G.
& où ces deux lignes ſe rencontrent,
comme en H. elles vous y montreront
le Centre pour achever le Cercle, de
la partie donnée A B C.

Mener

mit aus E. einen Bogen / und durchschneide ihn aus A. mit der Länge T V.
im F.

(7) Ziehe C D. D E. E F. und F A. zusammen / welche dir eine gleichförmige Figur machen werden / als die gegebene
T V X Y Z.

22.

Den Uberrest finden eines Umb-
kreisses des gegebenen Theils
A B C.

(1) Mache aus A und B. zween Bogen
die sich oben im D. unten aber im E.
durchschneiden.

(2) Ziehe eben solche zwey Bogen aus B
und C. also / daß sie einander in F und
G. durchschneiden.

(3) Ziehe eine rechte Linie durch D E. und
auch durch F G. und wo solche zwo rechte Linien einander werden durchschneiden / als im H. alda wird das Centrum
seyn den Umbkreiß zu vollführen / des
gegebenen theils A B C.

23. Durch

23.
Mener une circonference par trois points donnés
A B C.
Ce probleme se fait comme le precedent.

24.
Pour faire une Vis.

(1) Faitez une ligne A B. & cherchez sur elle où vous voudrez le Centre C. du quel tirez un arc, qui touche la ligne A B. en D. E.

(2) Mettez l' un des pointes du compas sur D. & avec l' autre tirez de E. un autre arc, qui touche la ligne donnée en F.

(3) Mettez le compas sur le premier Centre C. & tirez de l' autre pointe du point F. un arc, qui touche la donnée en G. & ainsi en infiny H.

25.
Pour faire un Oval.

(1) Faitez sur une recteligne donnée du Centre C. un Cercle D E.

(2) Pre-

23.

Durch 3. gegebene Puncten als
ABC. einen runden Ring zu
führen.

Das problema wird nicht anders ge-
macht als das vorhergehende.

24.

Eine Figur zu machen die Schrau-
ben weiß gezogen wird.

(1) Mache eine rechte Linie A B. und zeich-
ne auff derselben wo du wilt das Centrum C. aus welchem alsdann ziehe einen Bogen welcher die Linie A B. auff
beyden Seiten in D und E. anrührt.

(2) Setze den Zirckel auffs D. und ziehe
mit der andern Spitze aus E. einen
Bogen der die verlängerte Linie A B.
im F. anrührt.

(3) Setze den Zirckel wieder auffs alte
Centrum C. und ziehe aus F. einen Bo-
gen/ der die verlängerte Linie A B. im G.
durchschneidet / und auf solche Weise
immerfort als H. &c.

25. Ein

(2) Prenez le point E. auſſi pour Centre &
faitez un ſecond cercle, qui coupe le
Centre C. du premier.

(3) Marquez les endroits où ces deux cercles
ſe rencontrent, comme en F G.

(4) du point G. tirez par le Centre E. une
recteligne qui coupe l'un de ces deux
Cercles en I.

(5) du même point G. tirez par l'autre
Centre C. une autre ligne, pour couper
l'autre Cercle en H.

(6) Mettez la pointe du compas ſur le point
G. & tirez de H. juſqu'en I. une courbeligne.

(7) Mettez le compas auſſi ſur le point F.
& tirez avec la même diſtance comme
auparavant une autre courbeligne, juſqu'elle touche les deux arcs, comme en
K. L.

26. Trou-

25.

Ein Oval zu machen.

(1) Ziehe aus dem Centro C. einer gegebenen Linie ein Zirckel D E.

(2) Aus dem punct E. mache einen andern
Zirckel/ der den erſten im Centro C.
durchſchneidet.

(3) Nimm wol in acht die Oerter F G.
wo nemlich die zwey Zirckel ſich ſchneiden.

(4) aus dem punct G. ziehe eine grade
Linie durchs Centrum E. welche ſchneiden ſoll einen von den Zirckeln im I.

(5) Aus eben dem punct G. ziehe eine andere Linie durchs Centrum C. welche
den andern Zirckel ſoll im H. ſchneiden.

(6) Aus dem punct G. ziehe vom H zum I.
einen Bogen.

(7) Setze den Zirckel auch auff F. und
ziehe mit ebenmäſſiger Länge wie zuvor; einen andern Bogen biß er zu
beyden Seiten die 2. erſten Zirckel anrührt als im K und L.

(C)   26. Die

26.

Trouver la grandeur de la Cir-
conference du diametre donné A B.

A l'Ordinaire on dit, que la Circonference
est trois fois plus grande que son diametre
si l'on y ajoûte encore une septiême partie
du même diametre, mais vous ne commet-
trez pas une grande faute, si vous diviserez

(1) Le diametre donné en 14. parties egales.

(2) Tirez une longue ligne pour mettre la
distance du diametre A B. trois fois dessus, comme C D.

(3) Divisez une 14. partie en six autres egales, & prenez en encore deux, pour les
ajouter à la longueur C D, comme C E. &
ainsi la distance C E. vous donnera la
longueur de la Circonference du diametre donné A B.

27.

Pour faire un Cylindre.

(1) Prenez une ligne A B. & la divisez en 16.
parties egales.

(2) Abbaissez du point B. la perpendiculaire B D. longue, comme il vous plaira.

(3) Prenez

26.

Die Circumferentz erfinden deß
gegebenen diametri A B.

Gemeiniglich sagt man sonst / daß der Umbkreiß 3 mahl grösser sey als der diameter, mit noch einem siebenden Theil: Aber keinen grossen Fehler wird man machen / wenn man

(1) Den gegebenen diametrum A B. in 14. gleiche Theil wird theilen.

(2) Eine lange Linie ziehen / und den diametrum A B. 3. mahl darauf setzen als C D.

(3) Einen Theil / von den 14. wieder theilen in 6. gleiche Theil / und 2. davon nehmen und sie zu der Länge C D setzen als C E. Und also wird die Länge C E. dir die Grösse deß Umbkreisses geben / deß gegebenen diametri A B.

27.

Einen Cylindrum zu machen.

(1) Ziehe eine Linie A B. nach Belieben und theile solche in 16. gleiche Theil.

(2) Ziehe eine perpendicular herunter von B. als B D, sie mag so lang seyn als sie wolle.   (C) 2   Nimm

(3) Prenez la diſtance A B. & faitez avec un arc du point D.

(4) Recoupez cet arc en E, du point A. avec la diſtance B D.

(5) Joignez D E. & A E. enſemble.

(6) Les 16. parties de la ligne A B. mettez auſſi ſur la ligne D E. & Diviſez en une en 12. autres parties egales.

(7) Erigez une perpendiculaire du quel point que vous voudrez, de la ligne A B. mais il faut obſerver, qu'aprez il faut abbaiſſer du même point une autre perpendiculaire de la ligne D E.

(8) Prenez cinq parties de 16. & deux de 12. pour faire le diametre, ſur ces deux perpendiculaires comme F G. H I.

(9) Diviſez chaque diametre en deux parties egales, & tirez de leurs Centres la Circonference & ainſi vôtre Cylindre ſera achevé.

28. Pour

(3) Nimm die Länge A B. und mache
    aus dem punct D. damit einen Bogen.

(4) Mit der Länge B D. durchſchneide den
    Bogen aus A. in E.

(5) Ziehe D E. und A E. zuſammen.

(6) Setze auch die 16. Theil der Linie A B.
    anf die Linie D E. und theile einen von
    den 16. Theilen noch in 12. gleiche.

(7) Richte aus was vor einen Punct du
    wilt ein perpendicular auf / auff der Li-
    nie A B. doch aber / daß du von eben
    demſelben punct in der Zahl auch e 11
    perpendicular hinunter läßt aus der Li-
    nie D E.

(8) Nimm 5. Theil von den 16. und ſetze
    noch 2. von den 12. dazu / welche Länge
    ſetz auff die zwo perpendicularen / umb
    die Diameter oder Mittel-Linien zu ma-
    chen. als F G. und H I.

(9) Theile einen jeden diametrum in zwey
    gleiche Theile / und ziehe alsdann aus
    ihrem Centro den Umkreiß / nach wel-
    chem der Cylindrus wird fertig ſeyn.

                (C) 3   28. Einen

28.

Pour faire un Cone.

(1) Faitez du point F. un Arc & mettez deffus 16. parties egales, comme G H. &
joignez aprez G H F. enfemble.

(2) Abbaiffez une perpendiculaire de quel
point que vous voudrez de ces 16.

(3) Divifez une fexiéme partie encore en
12. autres & prenez cinq parties de
16. & deux de 12. pour faire le diametre I K. lequel il faut divifer en
deux parties egales, & tirer de fon Centre L. la Circonference propre pour
l' arc G H.

29.

Décrire dans un Cercle donné,
un Polygone, que vous voudrez.

(1) Divifez le diametre A B. en autant des
parties que vous voulez que vôtre polygone ait des côtez, par exemple en
cinq.

(2) Faitez

28.

Einen Conum zu machen.

(1) Ziehe aus dem punct F einen Bogen und ſetze 16 gleiche Theil darauff / als GH. und ziehe alsdenn GHF zuſammen.

(2) Laſſe von einem dieſer 16. Theil ein perpendicular herunter fallen / nach Belieben.

(3) Theile einen ſechzehenden Theil in 12. andere gleiche Theil und nimm 5 von den 16. und 2. von den 12. darzu umb den diametrum I K. damit zu machen/welchen theile in 2 gleiche Theil/ und ziehe aus ſeinem Centro L. den Umbkreiß / welcher recht ſeyn wird zum Bogen G. H.

29.

In einem Circul einen ieden verlangten Polygon zu machen.

(1) Theile den diametrum A B. in ſo viel Theil/ſo viel Seiten dein Polygon haben ſoll/ als zum Exempel in 5.

(C) 4   (2) Ma

(2) Faitez de A & B. un triangle equilateral C.

(3) Tirez du C. une recteligne par la feconde partie du diametre (& c' eft ce
qu'il faut obferver auffi dans chaque polygone) qui touche la circonference
en E.

(4) La diftance A E. fera tousjours une
partie des demandées, laquelle, fi vous
la porterez cinq fois autour du Cercle,
le divifera en 5. parties egales.

30.
Divifer la Circonference en
360. parties egales

(1) Divifez la Circonference en 4. parties
egales A B C D. ainfi que la ligne A B.
faffe un diametre : & la ligne C D. l'autre, qui fe coupent en E. qui eft le
Centre.

(2) Mettez le compas fur le point A &
avec la diftance A E. tirez un arc qui
touche la circonference donnée en F. G.

(3) Avec la diftance B E. tirez de B. un

autre

(2) Mache aus A. und B. einen gleichſeitigen triangel C.

(3) Ziehe von C. eine rechte Linie durch das
andere Theil deß diametri (welches in
allen andern polygonen muß in acht
genommen werden) welche die circumferentz im E. anrührt.

(4) Die Länge A E. wird ſtets ein Theil
ſeyn die Circumferentz zu theilen in das
verlangte polygon, als/hier iſt ſie der
fünffte Theil.

30.

Den Circul in 360. gleiche Theil zu theilen.

(1) Theile den Circul in 4. gleiche Theil
A B C D. alſo daß die Linie A B. den
einen diametrum macht/ die andere
aber C D. den andern/welche ſich durchſchneiden im Centro E.

(2) Setze den Circul auf den punct A. und
ziehe alsdann mit der Weite A E. einen Bogen/welcher die gegebene circumferentz in F G. durchſchneidet.

(3) Mit der Länge B E. ziehe aus B. einen

andern

autre arc qui touche le cercle donné en
H. I.

(4) Avec la diſtance C E. tirez de C. un
arc qui touche le cercle donné en K L.

(5) Avec la diſtance D E. tirez de D. encore un arc qui touche la circonference en M N.

(6) Ces quatres arcs vous diviſeront la circonference donnée en 12. parties egales.

(7) Diviſez chaque partie de ces douze en
trois autres egales ainſi que vous aurez
36. parties.

(8) Diviſez chaque partie de ces 36. en dix
egales & vótre Circonference ſera divi-
ſée en 360. parties egales, car dix fois 36.
font 360.

31.
Pour faire une Pyramide.

(1) Faitez un triangle Iſoſcele V Y Z.
(2) De V Y. faitez deux arcs ſous la baſe
du triangle avec la même diſtance V Y,
qui

andern Bogen/ welcher den gegebenen circul im H I. anrührt.

(4) Mit der Länge C E ziehe aus C. den dritten Bogen/der die circumferentz in K L. anrührt.

(5) Mit der Weite D E. ziehe aus D. den vierdten Bogen / der die circumferentz in M N. anrührt.

(6) Dieſe vier Bogen werden nun die gegebene circumferentz in 12. gleiche Theile theilen.

(7) Theile einen von dieſen 12. Theilen noch in 3. andere gleiche Theil/ umb 36. zu bekommen.

(8) Theile einen ieden von dieſen 36. Theilen noch in 10. andere gleiche Theil/ welche dir deine circumferentz in 360. gleiche Theil werden theilen. Dann zehen mahl 36. macht 360

31.
Eine pyramide zu machen.

(1) Mache einen triangel, Iſoſceles genannt V Y Z.

(2) Mit der Länge V Y. mache unter der Linie aus V Y. zween Bogen die ſich

(C) 6　　　　ſchnei-

qui fe coupent en X. & tirez aprez les
deux points V Y. dans X. & vôtre l'yra-
mide fera faite.

32.

Pour faire un Tetraëdre equi-
lateral.

(1) Faitez fur la ligne donnée A B. deux
triangles equilaterals A C D. & D E F.

(2) Joignez C & E. enfemble & tirez de C
& de E. deux arcs qui fe coupent en G.
& vôtre Tetraëdre fera fait.

33.

Pour faire un Tetraëdre equi-
lateral entre deux
paralleles.

(1) Faitez fur la ligne donnée A.G. deux triangles equilaterals A B E. & B F C.

(2) Joignez E en F. & tirez de A E deux
arcs qui fe coupent en D. & ainfi vôtre
Tetraëdre fera fait.

34. Pour

schneiden in X. und ziehe alsdann die
2 punct V Y. ins X. und also wird dei=
ne pyramide fertig werden.

32.
Ein gleichseitig Tetraëdrum
zu machen.

(1) Mache auff der Linie A B. zween glei=
che triangel A C D. und D E F. von
gleichen Seiten.

(2) Ziehe C und E. zusammen / und ma=
che zugleich eben aus C und E. zween
Bogen die sich schneiden im G. und
also wird das tetraëdrum fertig wer=
den.

33.
Zwischen zwo parallel-Linien ein
gleichseitiges tetraëdrum
zu machen.

(1) Mache auff der Linie A G. zwey gleich=
seitige triangel A B E. und B F C.

(2) Ziehe E zum F. und mache mit eben
der Länge E F. aus A und E. zween Bo=
gen die sich schneiden im D. und also
wird das tetraëdrum fertig seyn.

(E) 7   34. Eine

34.
Pour faire une Pyramide trian-
gulaire.

(1) Faitez un triangle A B C. ou equilateral ou Isoscele.

(2) Divisez la base A C. en 3. parties egales A E. E F. F C.

(3) Tirez de E F. deux lignes en B & faitez sous la base des mêmes points E F. deux arcs, qui se coupent en G. pour faire le triangle equilateral E F G. pour base.

35.
Pour faire un Prisme Pen-
taëdre.

(1) Faitez la ligne A B. & divisez la même en 3. parties egales : comme A C. C D. D B.

(2) Du point B abbaissez une perpendiculaire F. à vôtre phantasie.

(3) prenez la ligne A B. & tirez avec un arc de F.

(4) Pre-

34.

Eine dreyeckigte Pyramide
zu machen.

(1) Mache ein triangel A B C. er mag nun zwo oder drey gleiche Seiten haben.

(2) Theile die basin A C. in 3. gleiche Theil A E. E F. F C.

(3) Ziehe aus E und F. zwo Linien ins B. und mache unter der basi aus E und F. zween Bogen die sich schneiden im G. um den gleichseitigen triangel E F G. zur basi zu machen.

35.

Ein Prisma Pentaēdrum
zu machen.

(1) Mache eine Linie A B. und theile sie in 3. gleiche Theil als A C. C D. & D B.

(2) Ziehe aus dem punct B. eine perpendicular herunter nach Belieben als B F.

(3) Ziehe aus dem punct F. einen Bogen mit der Weite A B.

(4) Durch

(4) Prenez la ligne B F. & recoupez cet arc de A en E & joignez E F. & E A. enfemble.

(5) Divifez E F. auffy en 3. parties egales, comme E G. G H. H F.

(6) Mettez fur C & D. un triangle equilateral. C D I. & de G H. faitez la même chofe en K.

36.
Pour faire une Pyramide
Quarreé.

(1) Tirez du point A. un arc, comme vous voudrez & divifez le en 4. parties egales B C. C D. D E. & E F. & tirez les toutes dans A.

(2) Joignez les auffy enfemble, *par exemple*, B. à C. C. à D. D. à E. E. à F.

(3) Du point F. tirez une perpendiculaire qui ait la longueur E F.

(4) Prenez la même longueur E F. & faitez des points E. H deux arcs, qui fe coupent en G. & vous forment un quarré, pour bafe.

37. Pour

(4) Durchschneide solchen Bogen aus A.
mit der Länge B F. im E. und ziehe E F.
und E A zusammen.

(5) Theile die Linie E F. auch in drey glei=
che Theil als E G. G H. und H F.

(6) Setze auff die basin C D. einen gleich=
seitigen triangel C D I. und einen an=
dern auff G H. als G H. K.

36.
Eine viereckigte Pyramide
zu machen.

(1) Aus dem punct A. ziehe nach Belieben
einen Bogen/ und theile solchen in 4.
gleiche Theil B C. C D. D E. und E F.
ziehe sie aber alle vier in den punct A.

( )2 Ziehe sie unten auch zusammen als B.
zum E. C zum D. D zum E. und E zum F.

(3) Aus F. ziehe eine perpendicular, die
eben so lang ist als E F. nemlich F H.

(4) Mit eben dieser Länge E F. mache
aus E H. zwey Bogen die sich im G.
durchschneiden/ welche dir alsdann ein
Viereck zur basi werden machen.

37. Eines

37.
Pour faire un Cube.

(1 faitez une ligne L M. & tirez de L. une
perpendiculaire à côté. *par ex.* L N.

(2) Avec la diſtance L M. tirez de N. un
arc & recoupez le de M. avec la diſtance
L N. en O.

(3) Ayant joigné N O. & M O. enſemble
diviſez ces deux lignez L M, & N O. en
4. parties egales comme L P. P Q. Q R,
& R M. de l'autre côté N S. S T. T V. &
V O.

(4) Prolongez les deux points P S. & mettez ſur le prolonguement la même diſtance P S. comme P Y, & S. W.

(5) Avec la même diſtance P S. faitez des
points Y Q. deux arcs, qui ſe coupent en Z,
& des points T W. auſſy deux arcs, qui ſe
coupent en X.

(6) Ayant joigné Y Z. & Z Q & W X. &
T X. enſemble, vôtre Cube ſera fait.

38. Pour

37.

Einen Cubum zu machen.

(1) Mache eine Linie L M. und ziehe gegen
der rechten Hand aus dem punct L. eine perpendicular als L N. nach Beliebe.

(2) Nimm die Weite L M. und ziehe
aus N. einen Bogen und durchschneide solchen Bogen aus M. mit der Weite L N. im O.

(3) Ziehe N. zum O. und M. auch zum O.
darnach theile die Linie L M. in vier
gleiche Theil/ als L P. P Q. Q R. und
R M. die andere Seite N O. auch in
4. gleiche Theil als N S. S T. T V. und
V O.

(4) Verlängere die puncten P S. und setze
auf solche verlängerung eben diese Länge als P Y. und S. W.

(5) Mit ebenmäßiger Länge P S. ziehe
aus Y Q zween Bogen die sich schneiden im Z darnach 2 andere aus T W.
welche sich in X. schneiden.

(6) Wann du wirst Y Z. Z Q. W X.
und T X. zusammen gezogen haben/
wird dein Cubus fertig seyn.

38. Ein

38.

Pour faire un Parallelo-
gramme.

(*1*) Faitez une ligne A B. & laiſſez tomber deux perpendiculaires de A & B. comme A C. B D. & joignez aprez C D. enſemble.

(*2*) Diviſez chaque perpendiculaire en 4. parties egales.

(*3*) La ſeconde & la troiſieme parallele prolongez hors de deux perpendiculaires & mettez ſur les prolonguements la diſtance d'une quatrieme partie, comme F G. & H I, & de l'autre côté K L. & M N,

(*4*) Joignez G I. & L N. enſemble : Et vôtre figure ſera achevée.

39.

Pour faire une pyramide du
Quarré long.

(*1*) Tirez du point A. un Cercle B H. & mettez deſſus premierement une grande partie B C. aprez une petite C D, aprez vous re.

38.

Ein Parallelogrammum
zu machen.

(1) Mache die Linie A B und laſſe von einem ieden Ende derſelben ein perpendicular herunter lauffen als A C. und
B D. und ziehe darnach C D. zuſammen.

(2) Eine iede von dieſen 2. perpendicularen theile in 4. gleiche Theile und ziehe ſie überzwerch zuſammen.

(3) Die andere und dritte parallel ver-
längere über die perpendicularen und
ſetze auff ſolche Verlängerung die
Länge eines vierten Theils / als F G.
H I. auff der andern Seite K L. und
M N.

(4) Ziehe G I. und L N. zuſammen / und
die Figur wird alſo fertig ſeyn.

39.

Eine Pyramide zu machen
eines quadranguli oblongi.

(1) Ziehe aus dem A. einen Bogen B H.
auff welchen ſetze erſtlich ein groß
Theil B C. darnach ein kleiners als
CD.

remettez la premiere D F. & enfin vous remettez auffi la feconde , F H. ainfi que la
diftance B C. eft egale à la diftance D F.
& la diftance C D. à la longueur F H.

(2) Joignez ces quatres parties enfemble &
tirez les toutes dans A.

(3) Abbaiffez de B C deux perpendiculaires & mettez deffus , la longueur F H.
comme B E. & C G.

(4) Joignez E G enfemble. & vôtre pyramide fera faite.

40.
Pour faire un Octoêdre.

(1) Faites fur une ligne trois triangles re-
ctangles comme A B C. B D E. D F G.

(2. Joignez C E. & E G. enfemble.

(3) De G F. faites deux arcs, qui fe coupent en H. pour en faire le troifieme
triangle rectangle.

(4) Mettez un autre triangle rectangle fur
C E. comme C E I. & auffi fous D F.
comme D F K.

41.
Pour faire un Icofaëdre.

(1) Faites fur une ligue 5. triangles equilaterals

C D. darnach wieder das erste grosse Theil D F. und endlich wieder das kleine Theil als F H. also daß B C. mit seiner Länge gleich der Weite D F. und die Länge C D. der distantz F H.

(2) Ziehe solche 4. Theil zusammen und ziehe sie alle ins A.

(3) Aus B. und C. lasse zwey perpendicularen fallen / und setze die Länge F H. darauf/ als B E. und C G.

(4) Ziehe E G. zusammen.

40

Ein Octaëdrum zu machen.

(1) Mache auff einer Linie 3. triangula rectangula als A B C. B D E. und D F G.

(2) Ziehe C E. und E G. zusammen.

(3) Aus G F. ziehe zwey Bogen die sich im H. schneiden / damit du auch das dritte triangulum rectangulum bekomst.

(4) Setze auch ein triangulum rectangulum auff C. E. als C E I. und ein anders auff D F. als D F K.

41.

Ein Icosaëdrum zu machen.

(1) Setze auff eine Linie 5. gleichseitige

trian-

laterals comme A B C. B D E. D F G
F H I. H K L.

(2) De A C. tirez deux Arcs qui fe coupent en M. & joignez aprez M à L. par
une recteligne.

(3) Mettez fur chaque triangle un autre,
par exemple fur la bafe M C. mettez le
triangle equilateral M C N. fur C E.
mettez C E O. fur E G. mettez E G P.
fur G I. mettez G I Q. fur I L. mettez
I L R.

(4) Et en bas tirez fous chaque bafe des
5. premiers triangles, des autres de la même longueur, comme fous la bafe A B.
vous tirez le triangle equilateral A B S.
fous B D. vous tirez B D T. fous D F.
vous tirez D F V. fous F H. vous tirez F H
W. fous H. K. vous tirez H K X. & ainfi
vôtre Icofaëdre aura fes vingts triangles
egaux & equilaterals.

42.

Pour faire un Trapeze.

(1) Faitez la ligne A C comme vous voudrez,
& abbaiffez de C. la perpendiculaire,
C D.

zum Exempel sie hat 15. Schuh und
ein halb Zoll.

(3) Messe ich den Winkel B. mit dem Astro-
labio, als zum Exemp. er hat 91. grad.

(4) Trage ich das Astrolabium auch in
dem punct C. und stelle es also das ich
durch die 2. pinnulas, des Astrolabii aus
C ins D. sehen kan.

(5) Wann solches geschehen/ rücke ich die
andern 2. pinnulas mobiles so lang her-
umb / biß ich auß C. ins A. sehen kan.

(6) Lasse ich das Instrument also stehen
und zehle die gradus des Winckels
C. als zum Exempel er habe 55. grad.

(7) Wann auch dieses geschehen/ so ziehe
ich auf einen Bogen Papier eine gera-
de Linie D E. und setze so viel Ruthen
oder schuh darauf als ich auf meine Linie B C. im Feld gesetzt / als in diesem
Exempel 15. Schuh und ein halb Zoll.

(8) Mache ich auß D. einen so grossen
Winckel mit dem rapporteur, als auf
dem Feld der Winckel A. war/ neinlich
von 91. grad. ingleichen den Winckel E.
mache ich so groß als der Winckel C.

(E) 3   war

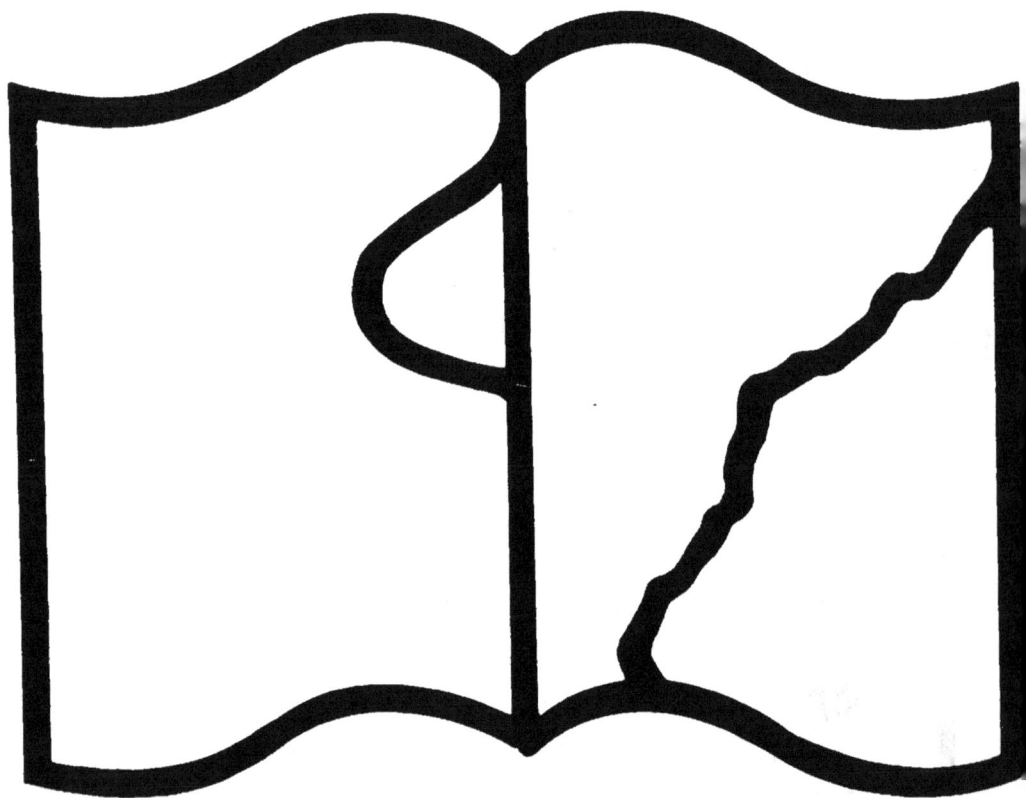

ligne deux angles egaux aux angles de la campagne.

(9) Où les deux lignes tireés moyennants des angles, se coupent, *par exemple* en F. y sera la longueur de la ligne A B.

(10) Portez aprez cette distance F D. sur l'Echelle pour voir, combien des Toises ou des pieds elle aura. & vous l'aurez longue de 22 pieds & 3. pouces.

49.

Pour messurer une hauteur que je puis toucher.

1) Au pied de la hauteur A L. tirez une ligne quelconque A B.

2) Messurez cette ligne avec vôtre Echelle I K. par exemple, qu'elle ait 8. pieds.

3) Messurez l'angle A. qu'il ait 90. degrez.

4) Messurez l'angle B. qu'il ait 56. degrez.

5) Tirez sur vôtre papier une ligne C D. qui ait la longueur de la ligne A B. à sçavoir 8. pieds.

6) L'angle C. faitez si grand que l'angle A. à sçavoir de 90. degrez.

7) L'angle D. faitez aussy grand que l'angle B. à sçavoir de 56. degrez.

(8) Où

war auf den Feld / nemlich von 55. grad.

(8) Wo nun die 2. Winckel zuſammen lauffen als im F / alda wird die Länge ſeyn der Linie A B auf den Feld.

(10) Miß die diſtantz F D. mit einem Maß-ſtab / und alſo wirſtu die rechte Linie A B finden; als hier in dieſen Exempel wird ſie in 22. Schuh 3. Zoll lang ſeyn.

49.

Eine Höhe zu meſſen wozu ich kommen kan.

1) Unten an der Höhe A L. ziehe eine Linie A B.

2) Miß dieſelbe mit der Meß-Ruthe I K. als zum Exempel ſie ſey 8. Schuh lang.

3) Miß den Winckel A. zum Exempel er hat 90. grad.

4) Miß den Winckel B. zum Exempel er hat 56. grad.

5) Auff dem Papier mache die Linie C D. eben ſo lang als die Linie A B. nemlich von 8. Schuh.

6) Mache den Winckel C. ſo groß als der Winckel A: iſt nemlich von 90. grad.

7) Den Winckel D. mache ſo groß als der Winckel B, nemlich von 56. grad.

(E) 4   8)

8) Ou ces deux angles fe couperent, y vous montreront la hauteur demandée, par exemple en F.

9) Meffurez la hauteur C F. avec l'echelle GH: & vous la trouverez de 12. pieds. ainfi dites que la hauteur A L. en ait autant. pourveu que vous ajoutiez encore à ces 12. pieds la hauteur du bâton de l'inftrument.

50.

Pour meffurer une hauteur, que je ne puis pas toucher.

1) Cherchez la diftance C A, par vôtre problem 48. par exemple qu' elle foit de 17. pieds 1. pouce.

2) Meffurez l' angle C. vers B. par exemple qu' il ait 42. degrez.

3) Faitez fur le papier une ligne D E. de la longeur A C. à fcavoir de 17. pieds 1. pouce.

4) Faitez l' angle C. à fcavoir de 41. degrez, & prolongez cet angle.

5) Erigez de D. une perpendiculaire qui touche ce prolonguement en F.

6) Faitez une Echelle, & meffurez la diftance DF. la quelle fera la veritable hauteur A B. à fcavoir de 15. pieds. 1. pouce.

51. Faire

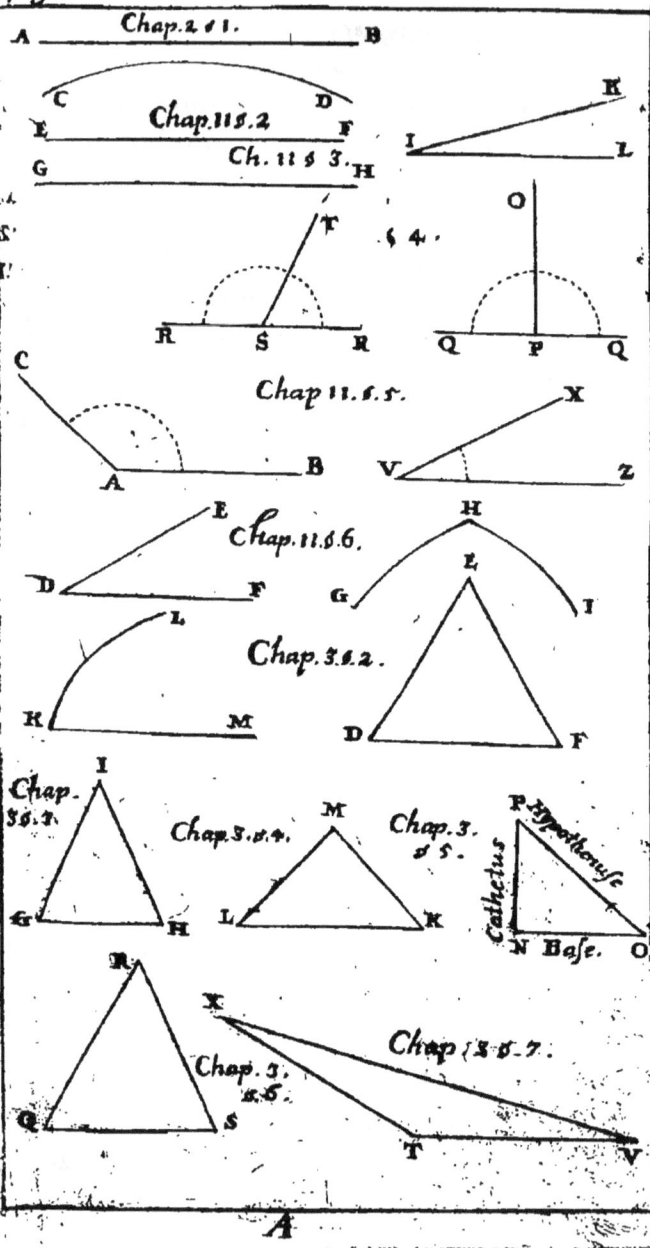

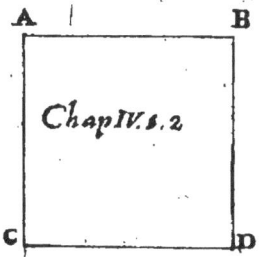

Chap.IV. s. 2

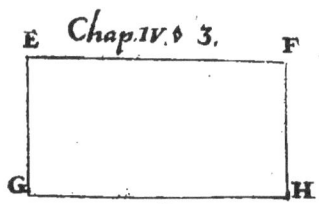

Chap. IV. s 3.

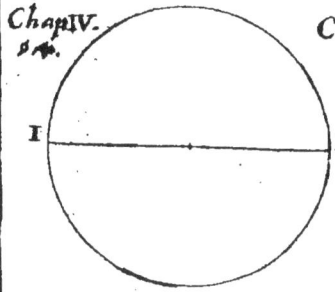

Chap.IV. s 4.

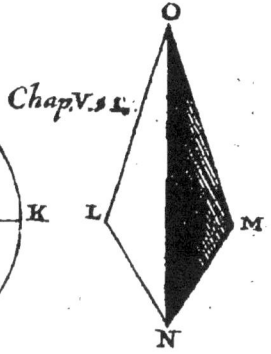

Chap.V. s 1.

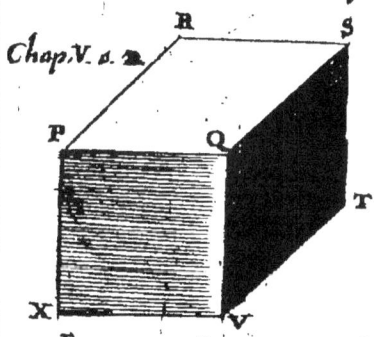

Chap.V. s. 2.

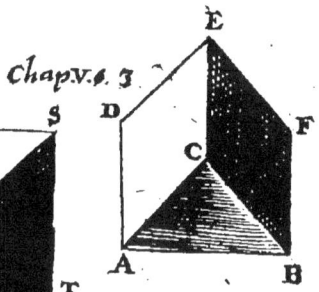

Chap.V. s. 3

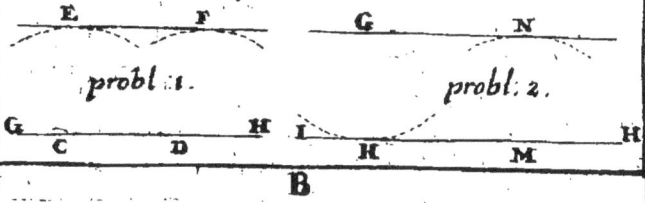

probl. 1.

probl. 2.

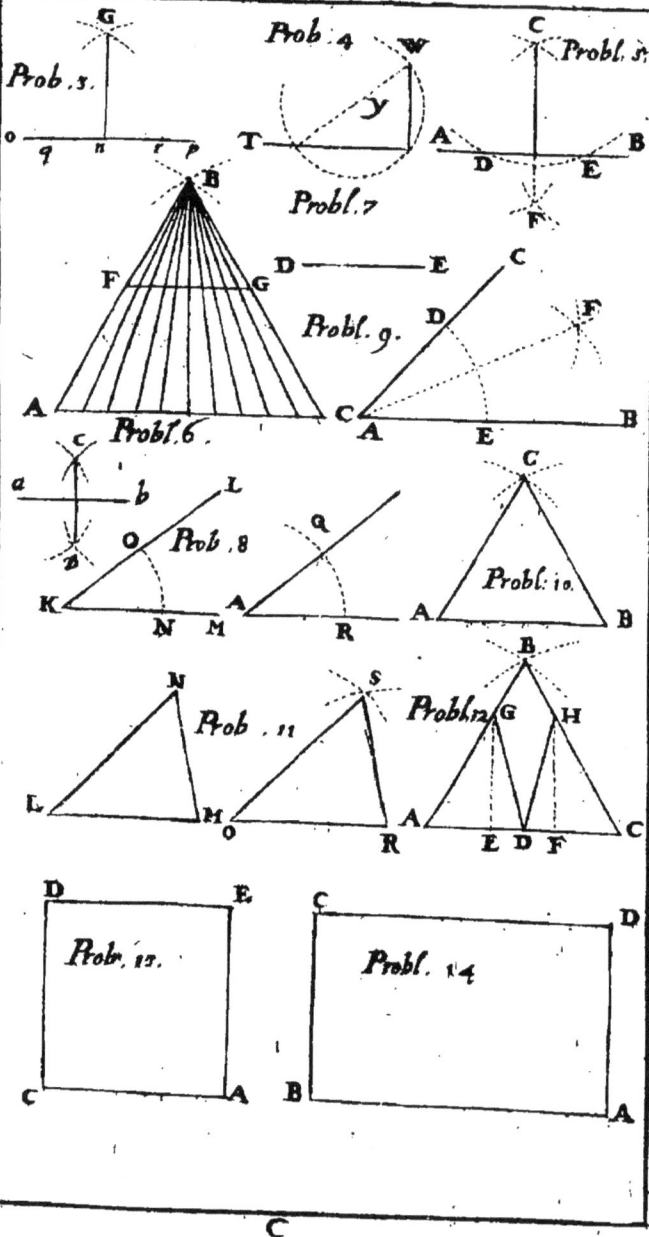

pag. 16.

Prob. 3.
Prob. 4.
Probl. 5.
Probl. 7.
Probl. 9.
Probl. 6.
Prob. 8.
Probl. 10.
Prob. 11.
Probl. 12.
Probr. 13.
Probl. 14.

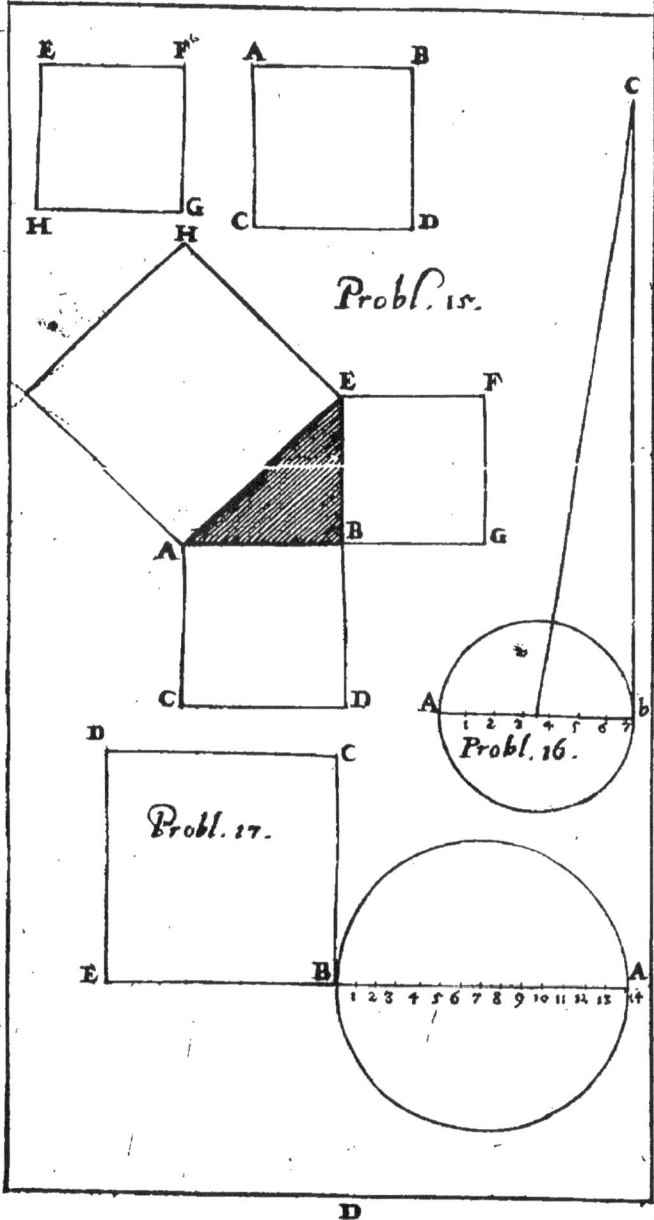

pag. 18

Probl. 15.

Probl. 16.

Probl. 17.

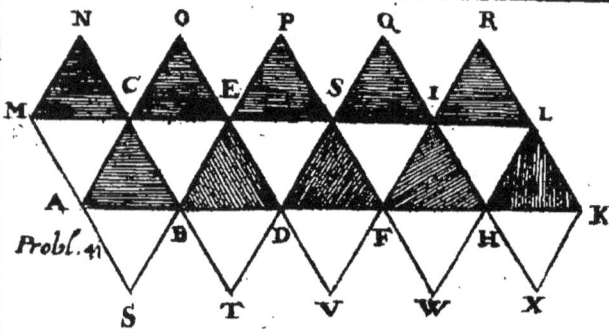

Probl. 41

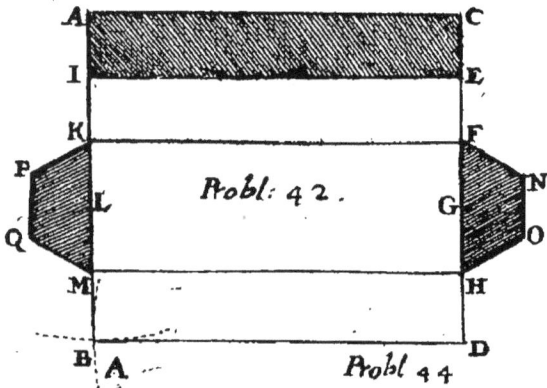

Probl: 42.

Probl 44

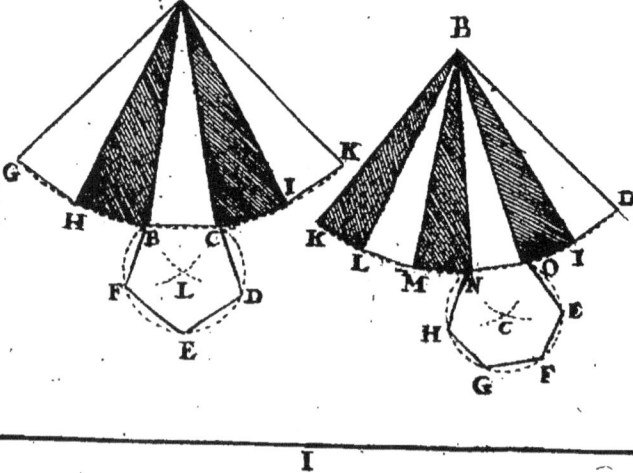

I

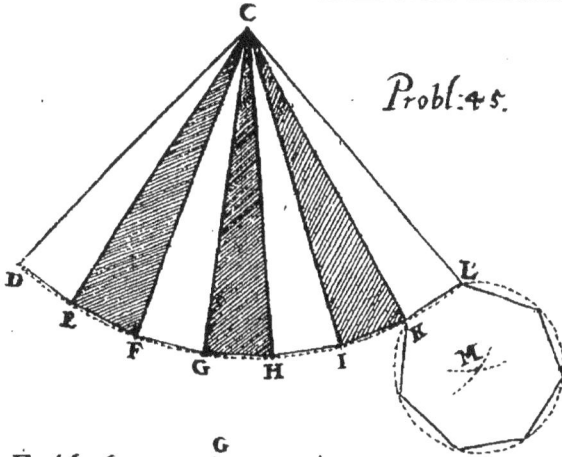

Probl: 45.

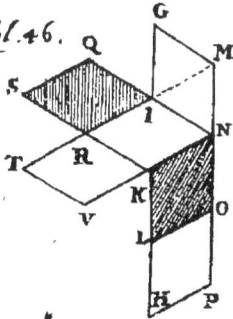

Probl. 46.

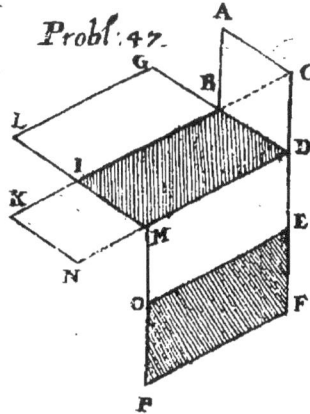

Probl. 47.

Probl. 48.

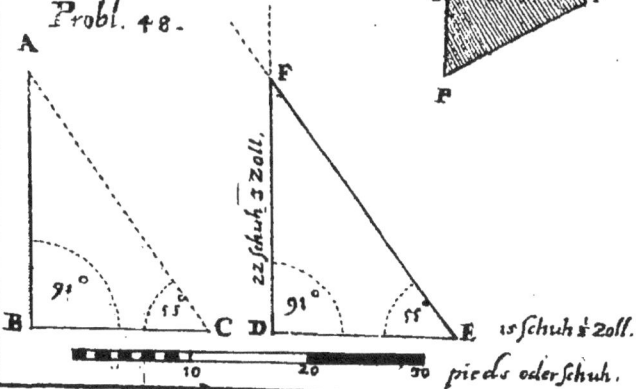

22 schuh 3 zoll.

91°   91°   55°

15 schuh ½ zoll.

10   20   30

pieds oder schuh.

H

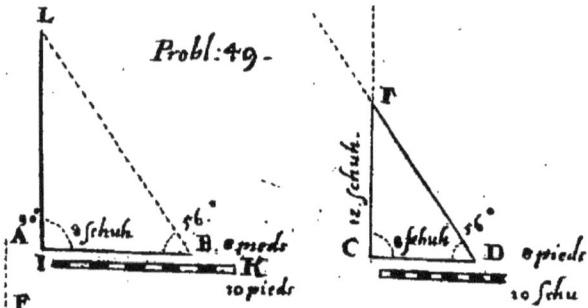

Probl: 49.

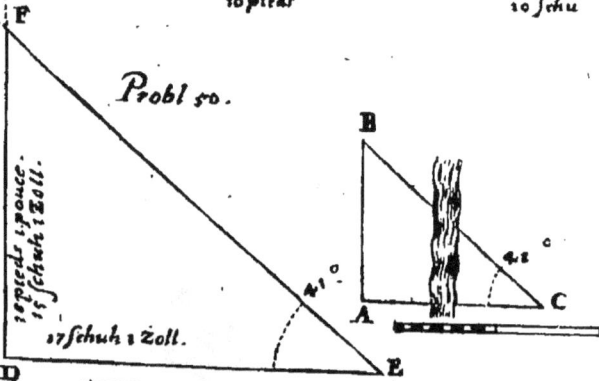

Probl 50.

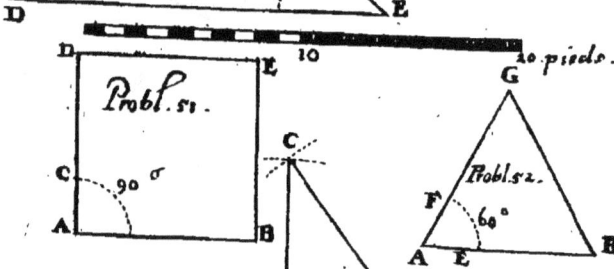

Probl. 51.

Probl. 52.

Probl. 53.

PROBLEMES
Mathematiques neces-
saires à vn homme de
Guerre.

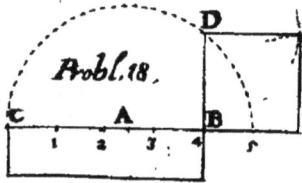

Probl. 18.

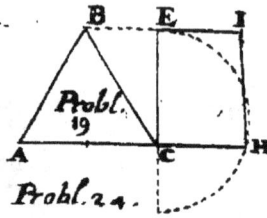

Probl. 19

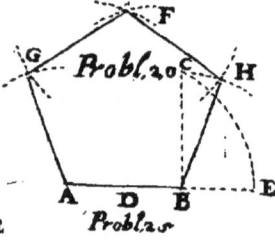

Probl. 20

Probl. 24.

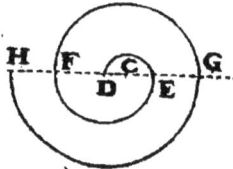

Probl. 25

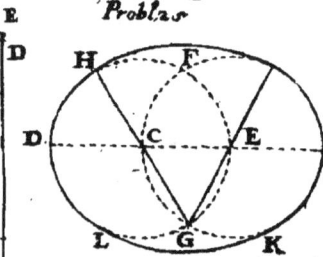

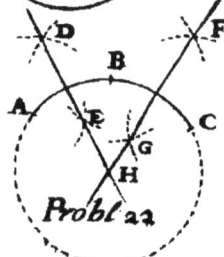

Probl. 22

Probl. 21

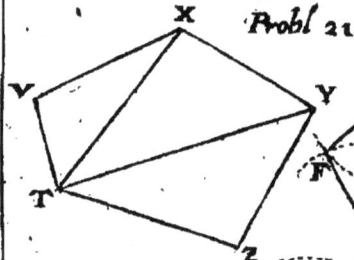

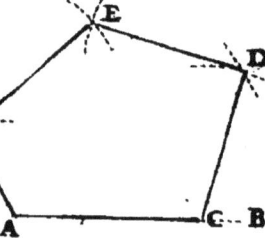

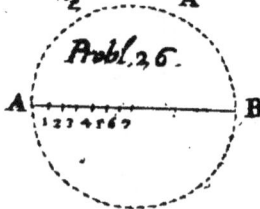

Probl. 26.

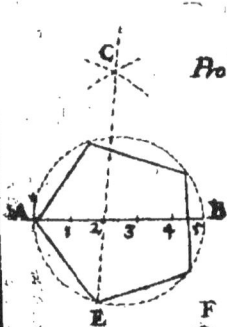

Probl. 29.

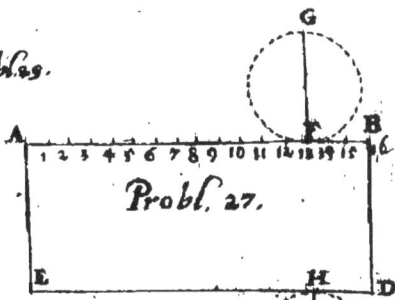

Probl. 27.

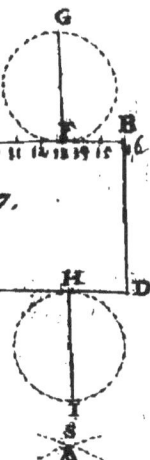

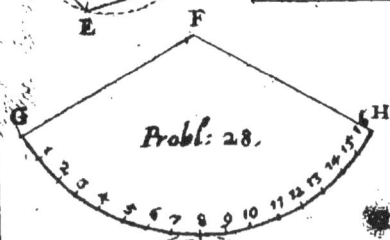

Probl. 28.

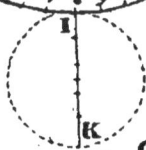

Probl. 31.

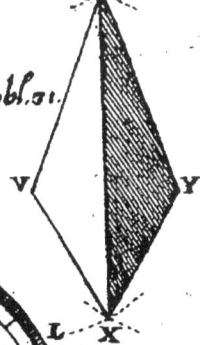

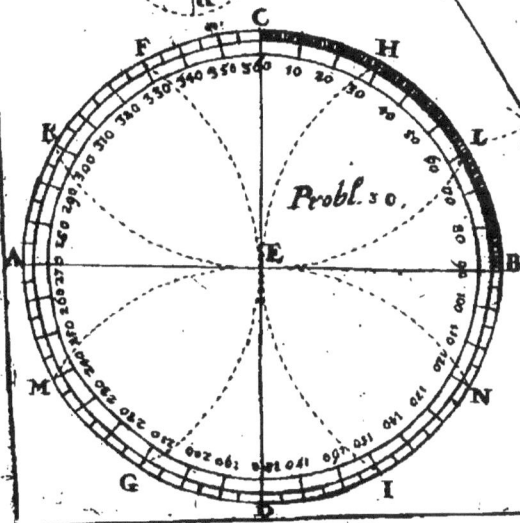

Probl. 30.

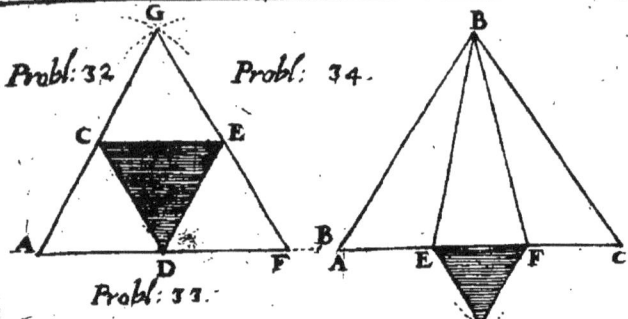

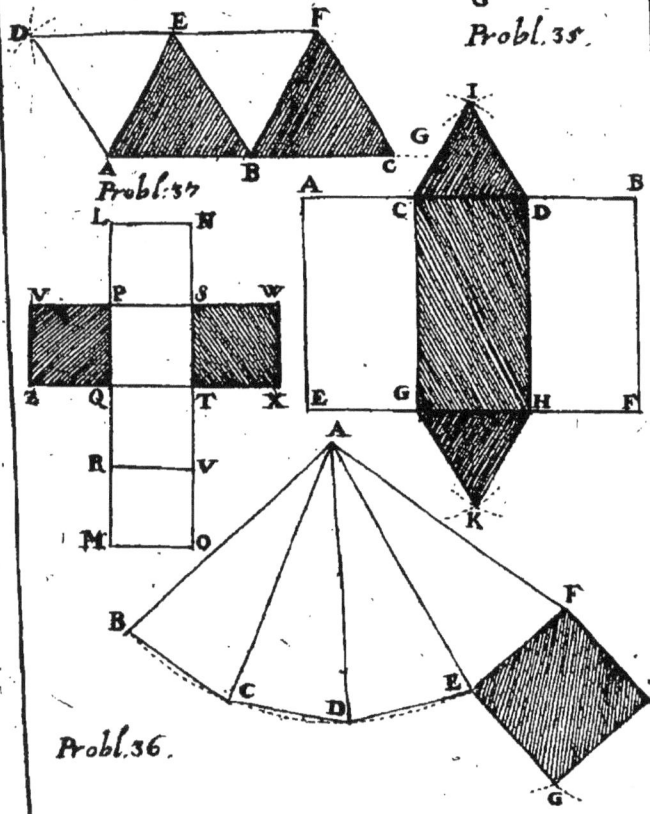

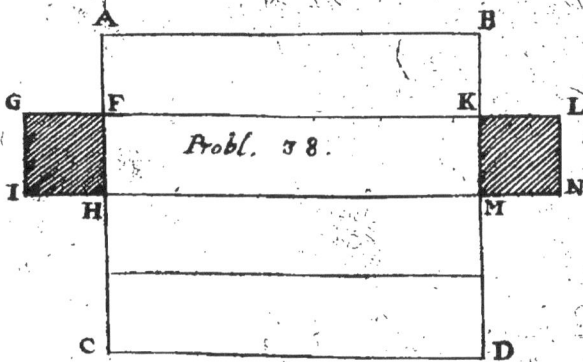

Probl. 38.

Probl: 39.

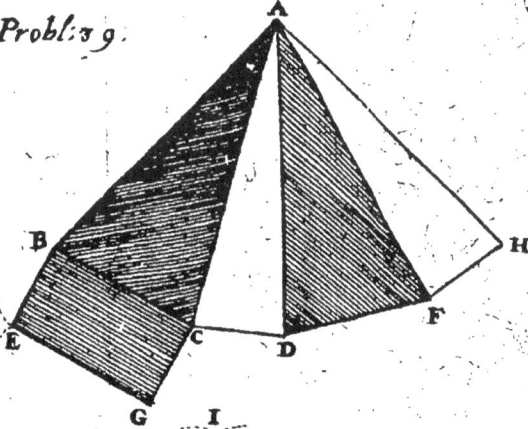

Probl: 40.

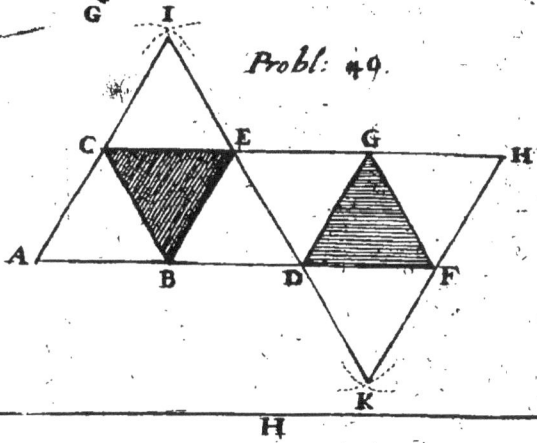

www.ingramcontent.com/pod-product-compliance
Lightning Source LLC
Chambersburg PA
CBHW071458200326
41519CB00019B/5782